内 容 简 介

本书系统介绍了湿地生态修复的概念及相关理论，综述了湿地生态修复的国内外研究进展，并对不同类型的湿地生态系统修复设计及实践进行了全面阐述。全书共分十一章，完整地概括了湿地生态系统修复的研究进展、湿地生态系统修复的策略与技术，结合作者近年来完成的海口五源河、重庆汉丰湖消落带、成都兴隆湖、重庆主城长江九龙滩、四川营山清水湖、广州海珠垛基果林湿地、山东邹城太平采煤塌陷区新生湿地、湖北朱湖多功能复合圩田湿地、河北北戴河滨海湿地等不同类型湿地生态系统修复案例，论述了湿地生态系统修复设计技术及其实践应用，展示了湿地生态系统修复的创新性研究进展。

本书可供生态学、风景园林学、湿地科学、环境科学与工程等领域的管理人员、专业技术人员、高校及大专院校有关专业师生阅读与参考。

图书在版编目（CIP）数据

湿地生态系统修复设计与实践研究/袁嘉，袁兴中著. —北京：科学出版社，2022.11
（湿地保护修复与可持续利用丛书）
ISBN 978-7-03-073605-5

Ⅰ.①湿… Ⅱ.①袁… ②袁… Ⅲ.①沼泽化地-生态恢复-研究-中国
Ⅳ.①P942.078

中国版本图书馆CIP数据核字（2022）第198495号

责任编辑：朱萍萍 李 静／责任校对：韩 杨
责任印制：师艳茹／封面设计：有道文化

科学出版社出版
北京东黄城根北街16号
邮政编码：100717
http://www.sciencep.com

北京九州迅驰传媒文化有限公司印刷
科学出版社发行 各地新华书店经销
*
2022年11月第 一 版 开本：720×1000 1/16
2024年 1 月第二次印刷 印张：18 1/4
字数：372 000

定价：128.00 元
（如有印装质量问题，我社负责调换）

湿地保护修复与可持续利用丛书

本书受 国家自然科学基金项目（51808065；52178031）
中央高校基本科研业务费项目（2021CDJXKJC005） 资助

Study on Design and Practice of Wetland
Ecosystem Restoration

湿地生态系统修复设计与实践研究

■ 袁 嘉 袁兴中◎著

科 学 出 版 社

北 京

丛书编委会

主　任：马广仁

成　员（以姓氏笔画为序）：

田　昆　杜春兰　杨　华　张　洪

张明祥　袁兴中　崔保山　熊　森

丛 书 序

湿地是重要的生态系统，是流域生态屏障不可缺少的组成部分，具有重要的生态服务功能，包括涵养水源、水资源供给、气候调节、环境净化、生物多样性保育、碳汇等。近年来，经济社会的高速发展给湿地生态系统带来了巨大压力和严峻挑战。随着人口急剧增加和经济快速发展，对湿地的不合理开发利用导致天然湿地日益减少，湿地的功能和效益日益下降；过量捕捞、狩猎、砍伐、采挖等对湿地生物资源的过量获取，造成湿地生物多样性丧失；盲目开垦导致湿地退化和面积减少；水资源过度利用，使得湿地蓄水、净水功能下降，顺应自然规律的天然水资源分配模式被打破；湿地长期承泄工农业废水、生活污水，导致湿地水质恶化，严重危及湿地生物生存环境；森林植被破坏，导致水土流失加剧，江河湖泊泥沙淤积，使湿地资源遭受破坏，生态功能严重受损；气候变化（尤其是极端灾害天气频发）给湿地生态系统带来了严重威胁。长期以来，一些地方对湿地资源重开发、轻保护，重索取、轻投入，使得湿地资源不堪重负，已经超出了湿地生态系统自身的承载能力。为加强湿地保护和修复，2016 年 11 月，《国务院办公厅关于印发湿地保护修复制度方案的通知》（国办发〔2016〕89 号）提出了全面保护湿地、推进退化湿地修复的新要求。

加强湿地保护修复和可持续利用是摆在我们面前的历史任务。对于如何保护、修复湿地，合理利用湿地资源，需要科学指引，需要生态智慧，迫切需要湿地保护修复及可持续利用理论与实践应用方面的指导。长江上游湿地科学研究重庆市重点实验室和重庆大学景观与生态修复专家团队组织编写了本套丛书。丛书的编著者近年来一直从事湿地保护、修复与可持续利用的研究与应用实践，开展了系列创新性的研究和实践工作，取得了卓越成就。本套丛书基于该团队近年来的研究与实践工作，从流域与区域相结合的层面，以三峡库区腹心区域的澎溪河流域为例，论述全域湿地保护与可持续利用；基于河流尺度，系统阐述具有季节性水位变化的澎溪河湿地自然保护区生物多样性；对受水位变化影响的工程型水库湿地——汉丰湖进行整体生态系统设计研究；从生物多样性形成和维持机制角度，阐述采煤塌陷区新生湿地生物多样性及其变化；在深入挖掘传统生态智慧的基础上，阐述湿地资源的可持续利用。

湿地是地球之肾，也是自然资产。对湿地认识的深入，有利于推动我们从单纯注重保护，走向保护-修复-利用有机结合。保护生命之源，为人类提供生命保障系统；修复自然之肾，为我们优化人居环境；利用自然资产，为人类社会的永久可持续做贡献。组织出版一套湿地领域的丛书是一项要求高、费力多的工程。希望本丛书的出版能够为全国湿地的保护、修复、利用和管理提供科学参考。

马广仁

2018 年 1 月

前　言

湿地是处在陆地生态系统和水生生态系统之间的过渡区，是地球上重要的生态系统类型。湿地具有涵养水源、调节气候、净化水质、保护生物多样性、增加碳汇及科学和文化教育等重要的生态服务功能。近几十年来，由于人口急剧增加，经济社会迅速发展，城市化进程加快，人类对自然资源掠夺式开发利用的强度大大增加，这些人为干扰因素导致湿地环境破坏和湿地生态系统退化。如何遏制湿地生态系统退化趋势、修复与重建湿地生态系统具有重要意义。

为加强湿地保护和修复，2016 年 11 月，《国务院办公厅关于印发湿地保护修复制度方案的通知》（国办发〔2016〕89 号）提出全面保护湿地、推进退化湿地修复。近年来，国内相关管理部门、高校院所及相关科研机构、企业，开展了各种类型湿地生态系统修复的实践探索。在湖泊湿地修复方面，世界自然基金会（WWF）开展了位于上海市西郊淀山湖东南大莲湖的生态修复；四川西昌开展了高原湖泊湿地——邛海的修复；海口市进行了五源河湿地的生态修复；湖北神农架大九湖实施了亚高山沼泽湿地修复；黑龙江富锦开展了三江平原沼泽湿地修复；广州市海珠区湿地保护管理办公室近年来一直努力推进具有岭南特色的垛基果林湿地修复；重庆开州区持续 10 多年对三峡水库消落带湿地进行研究和修复实践。当前，湿地生态系统修复的基础研究还比较薄弱，对湿地功能修复、湿地生物多样性恢复等关键技术尚缺乏系统、深入的研究。

湿地生态系统修复备受关注，但如何从生态系统整体设计角度出发深入推进湿地生态系统修复，迫切需要加强基础科学研究及关键技术攻关，需要基于自然的解决方案加强湿地生态系统演替与退化机制研究，明确湿地退化的原因及调控机理，研发湿地生态系统设计和修复的创新技术体系，为退化湿地生态修复提供技术保障。近10多年来，本课题组一直持续进行着湿地生态系统修复的深入研究和实践示范运用。

本书是有关湿地生态系统修复设计与实践研究方面的专著，在反映和介绍湿地生态系统修复研究进展、湿地生态系统修复技术体系的基础上，结合作者近年来所进行的不同类型的湿地生态系统修复案例，对湿地生态系统修复设计及实践进行了全面阐述。全书共十一章，完整地概括了湿地生态系统修复研究进展、湿地生态系统修复策略与技术，结合海口五源河、重庆汉丰湖消落带、成都兴隆湖、重庆主城长江九龙滩、四川营山清水湖、广州海珠垛基果林湿地、山东邹城采煤塌陷区新生湿地、湖北朱湖多功能复合圩田湿地、河北北戴河滨海湿地等不同类型湿地生态系统修复案例，论述了湿地生态系统修复设计技术及其实践应用，展示了湿地生态系统修复的创新性研究进展。

湿地生态系统修复是国土空间生态修复的新课题，理论指引和技术方法都需要深入拓展。从"山水林田湖草"生命共同体系统修复的角度，基于生态系统服务功能的全面优化提升，给湿地生态系统修复研究提供了巨大机遇，但同时也面临着挑战。在书中，我们力图反映湿地生态系统修复研究和技术方法的最新进展，深入分析和阐述各类型湿地生态系统修复设计要点与实践应用的创新技术。尽管还有很多方面需要进一步完善，但我们希望本书能够对湿地生态系统修复研究及应用起到积极的推动作用。

本书得到国家自然科学基金面上项目"乡村景观中的小微湿地网络及其调控机理研究"（52178031）、国家自然科学基金青年科学基金项目"山地城市水敏性区域草本植物群落适应性设计研究"（51808065）、中央高校基本科研业务费"基于自然解决方案的三峡库区消落区生态系统修复研究"（2021CDJXKJC005）等多个项目的资助，是在大量调查研究和实践应用的基础上编写而成。全书由袁嘉统稿，各章撰写执笔分工如下。

第一章湿地生态系统修复研究进展由袁嘉撰写，第二章湿地生态系统修复策略与技术由袁兴中撰写，第三章生命的回归——海口五源河河流湿地生态系统修复由袁兴中撰写，第四章适应性设计——重庆汉丰湖消落带湿地生态系统修复由袁兴中、袁嘉撰写，第五章林-水一体化——成都兴隆湖生态系统修复由袁嘉、袁兴中撰写，第六章立体生态江岸——重庆主城九龙滩生态修复由袁嘉撰写，第七章乡村生态智慧——四川营山清水湖乡村湿地生态设计由袁嘉撰写，第八章岭南农耕智慧——广州海珠垛基果林湿地修复由袁兴中、袁嘉撰写，第九章煤海蝶变——山东邹城太平采煤塌陷区新生湿地生态修复由袁兴中撰写，第十章退耕还湿——湖北朱湖多功能复合圩田湿地系统设计由袁嘉、袁兴中撰写，第十一章生命喧嚣——河北北戴河滨海湿地鸟类生境修复由袁嘉撰写。

在近年来的湿地生态系统修复研究和实践应用中，课题组得到海口市湿地保护管理中心、广州市海珠区湿地管理办公室、重庆开州区自然保护地管理中心、成都天府新区管委会、山东省邹城市自然资源和规划局湿地保护中心、湖北省朱湖国营农场、河北北戴河国家湿地公园管理处、四川省营山县自然资源和规划局清水湖国家湿地公园管理处、重庆千洲生态环境工程有限公司等单位和相关专家的大力支持与帮助。研究生张展菲、向羚丰、杨柳青、欧桦杰、张超凡、李祖慧、林佳琪、李沛吾、唐帆、毛媛参与绘制了书中部分图件。在此，对他们致以衷心的感谢。

袁　嘉

2022 年 3 月

目　录

第一章　湿地生态系统修复研究进展

湿地（wetland）是处在陆地生态系统和水生生态系统之间的过渡区，是地球上的重要生态系统类型。湿地具有重要的生态服务功能，包括涵养水源、调节气候、净化水质、保护生物多样性、增加碳汇及科学和文化教育等。近几十年来，由于人口急剧增加，经济社会迅速发展，城市化进程加快，人类对自然资源掠夺式开发利用的强度大大增加。这些人为干扰因素导致湿地环境破坏和湿地生态系统退化。由于土地利用变化和人类活动的干扰，湿地是世界上受威胁最大的生态系统之一。自 20 世纪初以来，随着经济的快速发展，世界上大面积的湿地被开发，许多重要的湿地急剧消失（Coleman et al.，2008；McCauley et al.，2013；Rebelo et al.，2018；Zhou et al.，2020）。在许多国家，约 90%的湿地已被破坏或严重退化，导致生物多样性丧失和湿地功能严重退化。因此，修复与重建湿地生态系统，对于遏制湿地生态系统的退化趋势、维持流域生态系统健康和经济社会的可持续发展具有重要意义。

第一节　湿地的概念与类型

一、湿地概念

就字面含义而言，湿地是指被浅水层所覆盖的低地，如沼泽地带。在一般人的概念中，湿地是长满水草、杂乱无章的潮湿区域或沼泽地。湿地的英文单词"wetland"由"wet"和"land"构成，"wet"意为潮湿，"land"指土地，故湿地可简单地理解为多水之地、潮湿之地。

湿地是雁、鸭、鹤、鹳、鹭、鹬等水鸟的栖息地（繁殖地、越冬地或迁飞途中的觅食地）。为了保护水鸟，必须保护好湿地，这是鸟类学家和保护生物学家对湿地的理解。1971 年 2 月，英国、加拿大和苏联等国在伊朗南部小城拉姆萨尔签订《关于特别是作为水禽栖息地的国际重要湿地公约》（简称《湿地公约》）时的本意也在于此（Bridgewater and Kim，2021；Mitsch and Gosselink，2015）。

《湿地公约》对湿地的定义为：各种天然或人工的、长久或暂时的沼泽地、湿原，泥炭地或水域地带；静止或流动的水域；淡水、半咸水或咸水；低潮时水深不超过 6m 的水域。

二、湿地概念的内涵

美国鱼类和野生动植物管理局于 1956 年发布了《39 号通告》，强调了湿地作为水禽栖息地的重要性。1974 年，美国鱼类和野生动植物管理局又着手编制了国家湿地名录，划分出 20 种湿地类型，奠定了美国主要湿地分类的基础。

美国鱼类和野生动植物管理局在 1979 年发布的《美国的湿地和深水生境分类》中提出了较综合的湿地定义（Mitsch and Gosselink，2015；崔保山和杨志峰，2006），认为湿地是处在陆地生态系统和水生生态系统之间的过渡区，通常其地下水位达到或接近地表，或处于浅水淹没状态。湿地至少应该具备下列三个特征之一：①周期性的以水生植物生长为优势；②地表排水不良，以发育水成土为主；③每年生长季节的部分时间被水浸或水淹。这一定义被全世界的湿地科学家广泛采纳。

《湿地公约》对湿地的定义不是湿地学的科学定义，其原因在于它未揭示出湿地的科学概念与内涵的实质，内涵与外延也不明确。《湿地公约》对湿地的定义更多的是从管理角度的定义，该定义的湿地具有明显边界，在湿地管理工作中易于辨识和操作。凡是加入《湿地公约》的各缔约国都接受这一定义，该定义在国际上具有通用性。

事实上，湿地是一个涉及多学科的综合概念，是联系多种学科的一个动态客体。水文学家、地理学家、生物学家、生态学家等可能由于其研究的具体目的和专业背景不同而各有侧重。从生态学角度来看，湿地是介于陆地生态系统与水生生态系统之间的过渡地带，既不同于水体，又不同于陆地的特殊过渡类型生态系统，是水生、陆生生态系统相互延伸交错扩展的空间区域，具有三个明显的特征：①地表长期或季节性地处在过湿或积水状态；②生长有湿生、沼生、浅水生植物，以及栖息有湿生、沼生、浅水生动物和适应其特殊环境的微生物群；③土壤潜育化或发育水成土。

湿地概念强调水陆交汇（陆健健等，2006），强调湿地的生态服务功能，是地球生物圈内与人类生存有密切关系的重要生态系统。

三、湿地的类型

《湿地公约》将湿地分为天然湿地和人工湿地两大类（表 1-1）。

表 1-1 《湿地公约》的湿地分类

湿地类	湿地亚类	
天然湿地	海洋/海岸湿地	永久性浅海水域
		海草床
		珊瑚礁
		岩石性海岸
		沙滩、砾石与卵石滩
		河口水域
		滩涂
		盐沼
		潮间带森林湿地
		咸水、碱水潟湖
		海岸淡水湖
		海滨岩溶洞穴水系
	内陆湿地	永久性内陆三角洲
		永久性河流
		季节性河流
		永久性湖泊

续表

湿地类	湿地亚类	
天然湿地	内陆湿地	季节性湖泊
		永久性盐湖
		季节性盐湖
		内陆盐沼
		季节性碱、咸水盐沼
		永久性淡水草本沼泽、泡沼
		泛滥地
		草本泥炭地
		高山湿地
		苔原湿地
		灌丛湿地
		淡水森林沼泽
		森林泥炭地
		淡水泉及绿洲
		地热湿地
		内陆岩溶洞穴水系
人工湿地	水产池塘	
	水塘	
	灌溉地	
	农用泛洪湿地	
	盐田	
	蓄水区	
	采掘区	
	废水处理场所	
	运河、排水渠	
	地下输水系统	

我国结合《湿地公约》的分类系统,针对我国的湿地资源分布及赋存状况,提出了一个湿地分类系统(《全国湿地资源调查与监测技术规程(试行)》)(国家林业局,2010),将湿地划分为近海及海岸湿地、河流湿地、湖泊湿地、沼泽湿地、人工湿地五大类(表1-2)。

表 1-2　中国湿地调查湿地分类和代码

代码	湿地类	代码	湿地型
1	近海及海岸湿地	101	浅海水域
		102	潮下水生层
		103	珊瑚礁
		104	岩石海岸
		105	沙石海岸
		106	淤泥质海岸
		107	潮间盐水沼泽
		108	红树林
		109	河口水域
		110	三角洲/沙洲/沙岛
		111	海岸性咸水湖
		112	海岸性淡水湖
2	河流湿地	201	永久性河流
		202	季节性或间歇性河流
		203	洪泛平原湿地
		204	喀斯特溶洞湿地
3	湖泊湿地	301	永久性淡水湖
		302	永久性咸水湖
		303	季节性淡水湖
		304	季节性咸水湖
4	沼泽湿地	401	藓类沼泽
		402	草本沼泽
		403	灌丛沼泽
		404	森林沼泽
		405	内陆盐沼
		406	季节性咸水沼泽
		407	沼泽化草甸
		408	地热湿地
		409	淡水泉/绿洲湿地
5	人工湿地	501	库塘
		502	运河、输水河
		503	水产养殖场
		504	稻田/冬水田
		505	盐田

第二节　湿地生态修复的概念

一、生态修复概念

近几十年来，由于人口增长、快速城市化及掠夺式的自然资源开发等干扰，导致生态环境恶化的不断加剧，水土流失、土地荒漠化、环境污染、生物多样性衰退、湿地退化等问题日趋突出，从而严重制约着经济社会的可持续发展和影响人类生存环境空间的质量（Ren et al.，2007）。全球变化，尤其是极端灾害性天气频发，让我们处在一个不断变化的环境中，进一步加剧了生态退化程度。如何应对一系列"黑天鹅"事件（"black swan"incidents）所带来的复杂问题（wicked problems）（Rochel et al.，2020），使退化生态系统得以恢复，是当今人类面临的急迫问题。修复退化生态系统对生态系统健康维持和人类社会可持续发展具有重要意义。

生态修复（ecological restoration）是指把退化、受损或破坏的生态系统复原到以前的状态或尽可能恢复到接近以前的状态（任海等，2014；Martin，2017）。复原与恢复的共同点是两者着重于以历史上存在的生态系统作为模板或参照，复原强调生态系统过程、生产力和生态服务功能的修复，而恢复的目标还包括历史时期生物区系完整性（如物种组成和群落结构）的重建（袁兴中等，2020）。生态修复已经由过去注重单一生境的修复、单一生态要素恢复（如森林、草地、河流水环境、生物多样性等）（Peng and Wu，2015；Zhao et al.，2000），发展到如今关注国土空间综合生态修复（Cao et al.，2019）；由传统的农林水等部门所涉及的各管理要素的生态修复，到今天生态修复已成为跨部门、跨学科和跨领域的科学行动。

二、湿地生态修复

湿地退化是指由于自然环境突变或人类活动干扰导致湿地的自然特征退化、生态系统结构破坏、功能衰退、生物多样性减少、生产力下降等一系列生态恶化现象。湿地修复指通过生态工程技术措施，对退化或消失的湿地进行恢复或重建，再现干扰前的湿地生态系统结构和功能，以及相关的物理、化学和生物学特性，依靠湿地生态系统的自我修复能力，尽可能地使湿地恢复到自然状态，能够自我维持其稳定性，并发挥应有的生态系统服务功能。

2016 年，国务院办公厅发布《湿地保护修复制度方案》，指出建立湿地保护修复制度，全面保护湿地，强化湿地利用监管，推进退化湿地修复，提升全社会湿地保护意识，为建设生态文明和美丽中国提供重要保障。该方案对湿地修复进行了规定：对未经批准将湿地转为其他用途的，按照"谁破坏、谁修复"的原则实施恢复和重建。

第三节　湿地生态修复进展

一、国外的湿地生态修复

为了保护和修复退化的自然湿地生态系统，发达国家从 20 世纪 70 年代开始就开展了退化湿地恢复与重建的研究和实践（Zhou et al.，2020）。湿地修复旨在研究湿地生态系统退化原因、退化生态系统修复与重建技术方法，重建已损害或退化的湿地生态系统，恢复湿地生态系统的结构、功能和生态过程。

退化湿地的初步研究始于 20 世纪 70 年代，主要目的是保护和恢复退化的自然湿地生态系统。在受损湿地恢复与重建方面，美国的工作开展得较早。1977 年美国颁布了第一部湿地保护法规，在 1975～1985 年的 10 年间，美国国家环境保护局（EPA）清洁湖泊项目（clean lakes program，CLP）的 313 个湿地恢复研究项目得到政府资助。这些项目包括废水排放控制、恢复计划实施的可行性研究、恢复项目实施的反应评价、湖泊分类和湖泊营养状况等（崔保山和刘兴土，1999；Wang 2008）。美国国家研究委员会、美国国家环境保护局、农业部和水域生态系统恢复委员会于 1990 年和 1991 年提出了庞大的生态恢复计划。总投资 6.85 亿美元的一个湿地项目于 1995 年在美国实施，旨在重建佛罗里达大沼泽地（Weller，1995）。

美国奥兰坦吉（Olentangy）河流湿地修复始于 1993 年，设计了长时间尺度的整体生态系统实验，通过营建湿地塘、牛轭湖、雨水花园、低地硬木林、生态洼地等一系列河流湿地修复工程，净化上游来水水质并促进了河流湿地的自我设计（self-design）过程（Mitsch，2012），进而恢复奥兰坦吉河的生命力。

瑞典、西班牙、瑞士、荷兰和丹麦等欧洲国家在湿地恢复研究方面也取得了巨大进展（崔保山和刘兴土，1999；Zhou et al.，2020）。在瑞典，30%的地表由湿地组成，包括河流和湖泊，且湿地在不断退化，有些学者建议并提出方案来恢复浅湖湿地，提高水平面，降低湖底面或结合这两种方法进行恢复。奥地利、比利时、法国、德国、匈牙利、荷兰、瑞士和英国的修复项目主要集中在洪泛平原湿地（Elliott et al.，2016）。欧洲的一些河流的河漫滩湿地多年来由于人类活动的干扰而受到巨大破坏，很多国家都认识到河漫滩湿地的重要性，由此在莱茵河及多瑙河上实施了许多河漫滩湿地的修复项目（Eiseltová，2010），实施重建接近自然的河漫滩湿地生态系统，优化河漫滩湿地的多种功能。荷兰的沼泽湿地恢复中强调导致沼泽地植物和动物群落退化的生物地球化学和生物过程及因素，针对这些关键过程和因素，采取最佳的恢复和管理措施（Lamers et al.，2002）。

在湿地修复的研究及实践中，国际上越来越注重湿地功能的恢复及长时间尺度的观测研究。美国在密西西比河冲积河谷地区恢复了 30 多万公顷的森林湿地（Berkowitz，2019），25 年内修复的 600 多个研究点的长时间序列观测结果表明，恢复的湿地通常遵循预期的恢复轨迹，湿地功能在整个恢复时间序列中表现出明显的改善。Meli 等（2014）对 70 个湿地修复项目进行了分析，以评估生态恢复的有效性。结果表明，修复后湿地生态系统在供给、调节和支持等方面的生态系统服务水平提升了 36%。其中，生物多样性的恢复和生态系统恢复呈正相关，表明湿地生态修复获得了人与自然双赢的良好结果。

当前，国际上对湿地恢复重建的研究主要集中在沼泽、湖泊、河流和滨海湿地等湿地类型上，注重研究湿地退化的关键驱动因子及湿地退化机理，关注湿地生物多样性及湿地功能的恢复与提升。

二、国内的湿地生态修复

20 世纪 70 年代，中国科学院水生生物研究所首次采用了基于细菌与藻类共生的氧化塘生态工程技术（张甬元等，1983）。该技术极大地改善了湖北省鸭儿湖区严重污染的环境，促进了我国湿地恢复研究。此后，江苏太湖、安徽巢湖、武汉东湖和沿海湿地相继开展了湿地恢复研究。自 1998 年长江流域发生特大洪水以来，"退耕还湖"已被视为我国可持续发展和生态重建的重要内容（Liu et al.，2004）。近年来，以黄河三角洲淡水资源调控和营养盐生物地球化学为基础的滨海湿地恢复研究已成为退化滨海湿地生态恢复的核心技术之一（Cui et al.，2009）。2016 年 11 月，《国务院办公厅关于印发湿地保护修复制度方案的通知》（国办发〔2016〕89 号）提出全面保护湿地、推进退化湿地修复。近年来，国内相关管理部门、高校院所及相关科研机构、企业，开展了各种类型湿地生态系统修复的实践探索。

过去，我国对湿地生态系统恢复的研究对象主要集中在湖泊和沿海滩涂（崔保山和杨志峰，2001）。在湖泊湿地修复方面，世界自然基金会开展了位于上海市西郊淀山湖东南的大莲湖的生态修复（马广仁等，2017），以水质净化和湖泊湿地生态修复为目标，通过一整套湿地修复工程的实施、社区参与和源头控制，优化湖泊及其周边的土地利用格局，改善和恢复湖滨缓冲区结构和功能，重构湿地生境多样性，恢复健康的湖泊湿地生态系统及其水体净化和生物多样性保育等功能。大莲湖湿地修复后，水源水质得到明显改善，生态功能逐渐增强。在高原湖泊湿地——四川西昌邛海的修复中，通过实施"三退三还"（退塘还湿、退田还湿、退房还湿）工程，改善和恢复湖滨缓冲区的结构与功能，恢复鸟类和鱼类栖息地，实现湿地生态系统功能的自我维持和良性循环，建成水环境质量优良、生物物种丰富、植物群落结构稳定、鸟类栖息地优良、生态景观优美的邛海多功能近自然湿地（马广仁等，2017）。

袁兴中等（2019，2020）开展了海口五源河湿地的生态修复实践研究，提出了基于生物多样性提升的五源河河流湿地生态系统修复目标和策略。分析和讨论了五源河河流湿地生态系统修复设计技术与实践，提出了湿地生态修复的四项策略：河道生态修复——三维生态空间重建、河岸生态修复——柔性生态河岸设计、河流与湿地协同——河流-湿地复合体建设、多功能生境恢复——生命景观河流重建。修复后的五源河河流湿地调查研究表明：生境类型多样，生境质量优良，生物多样性提升效果明显。

在湖北神农架大九湖亚高山沼泽湿地修复中，以潜坝围筑的方式实施了亚高山泥碳藓沼泽湿地修复，重点恢复目标是泥碳藓沼泽、沼泽矮林（以湖北海棠、泥碳藓、金发藓为优势种）（马广仁，2017）。大九湖亚高山沼泽湿地的修复对亚高山湿地生态系统和草甸生态系统起到积极作用，促进了区域生物多样性的增加，成为中纬度地区（华中地区）亚高山沼泽湿地修复的样板。黑龙江三江平原富锦国家湿地公园沼泽湿地修复于 2005 年启动，在退耕还湿的基础上，通过湿地自然修复形成并维持了健康的湿地生态系统（马广仁，2017）。富锦国家湿地公园的湿地修复以地形重塑、水位调控和植被自然修复为主要手段，创造适宜鱼类越冬的深水区，以及由深水向浅水、浅滩、岛屿过渡的不同地形，以适应不同湿地植被生长和各种水鸟栖息繁殖的生态需求，在形成优良生物栖息生境的同时，使湿地公园呈现自然、野趣的景观风貌。开阔明水面的建立、河道沟渠蜿蜒形态的恢复及水体流动性的增加，不仅显著降低了水体富营养化的概率，也大幅提升了湿地公园内的生境异质性，能够有效增加生态系统的稳定性和抗干扰能力。

袁嘉等（2018）、袁兴中等（2019，2022）对三峡水库消落带湿地进行了长期研究，针对季节性水位变化，开展三峡水库消落带湿地修复示范研究，基于自然的解决方案（nature based solution，NBS）进行消落带适生植物物种筛选及种源库建立、近自然植物群落构建、多功能基塘修复、复合林泽修复、多维湿地修复、地形-底质-植物-动物协同修复，并进行修复成效评估，以期为具有季节性水位变化的大型湖库消落带湿地生态系统修复提供科学依据。通过持续 10 多年的消落带湿地生态系统修复实践，不仅解决了三峡水库消落带生态修复的难题，创新性地构建了大型水库消落带生态系统修复技术体系，为大型湖库消落带湿地生态修复提供了可推广、可复制的技术方法及实践模式，拓展和创新了逆境生态设计和生态系统修复理论，而且极大地优化了三峡库区人居环境质量。

　　当前，湿地修复的基础研究还比较薄弱，缺乏针对湿地功能及湿地生物多样性恢复技术的系统、深入研究。因此，亟需加强湿地生态系统演替与退化机理研究，明确湿地退化的原因及调控机理，为湿地生态修复提供科学依据与理论保障；湿地修复需要基于自然的解决方案，从生态系统整体设计的角度出发设计技术策略，以实现湿地生态系统的可持续保护发展与生态友好利用。

第二章　湿地生态系统修复策略与技术

湿地修复面临着应对环境变化并提供多种生态服务功能的重要需求。对退化湿地修复的多功能需求逐渐成为国际趋势，由传统湿地修复单一功能（如水质净化等）需求向生态系统服务功能的全面优化提升转变（王思源和刘萌，2009）。全球变化，使得我们处在一个不断变化的环境中，需要增强受损湿地修复对环境变化的适应性，传统的湿地修复思路、技术方法遇到严峻挑战（崔丽娟和艾思龙，2006）。因此，湿地生态系统修复目标及原则的科学确立，是修复成功的基础。湿地修复的主要目标是修复退化湿地生态系统的结构，优化和提升湿地生态系统服务功能。湿地生态系统的结构与功能密切相关。在修复实践中，应明确某一特定湿地生态功能所关联的相应湿地生态结构，对结构进行修复设计，从而推动相应功能的优化提升。

第一节　湿地生态系统修复目标

湿地生态系统修复目标设定应针对湿地退化的具体原因、退化程度及变化趋势。恢复目标必须具有明确的针对性、可行性和可操作性。根据不同地域条件，不同经济社会状况、文化背景的要求，湿地生态系统修复的目标也会不同。修复目标的确立还必须考虑空间尺度，如流域尺度、景观尺度等（袁兴中等，2020）。湿地生态系统修复目标主要包括以下四个方面（图2-1）。

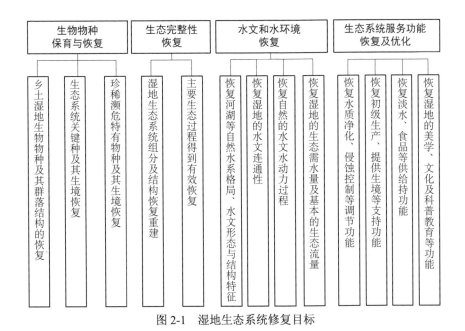

图 2-1 湿地生态系统修复目标

一、生物物种保育与恢复

生物物种是湿地生态系统中最重要的组成部分，是有生命的关键要素。湿地是生物物种的重要栖息地。生物物种保育和生物多样性提升是湿地修复的重要目标，其中珍稀濒危特有生物物种及关键种在湿地修复中必须予以优先考虑。生物物种保育与恢复的目标包括：①乡土湿地生物物种及其群落结构的恢复；②生态系统关键种及其生境恢复，如河狸（*Castor fiber*）是河流生态系统中的关键种，维持着河流生态系统中几十个物种的健康生存，被誉为"生态系统工程师"（Brazier et al.，2021）；③珍稀濒危特有物种及其生境恢复。

二、生态完整性恢复

生态完整性恢复应针对退化湿地生态系统组分缺失（如生物组分缺失、食物链重要环节缺失等）、结构受损、生态过程受到干扰或破坏的状况，通过组分及结构的恢复重建、主要生态过程的恢复，使生态完整性得到有效恢复（崔丽娟和艾思龙，2006）。

13

三、水文和水环境恢复

水文情势及水环境质量是湿地生态系统存在的基础，决定着湿地植被类型及湿地生物群落的生存和分布。水文和水环境恢复的主要目标包括：①恢复河湖等自然水系格局（李宗礼等，2011；董哲仁等，2013）、水文形态与结构特征；②恢复湿地的水文连通性（张梦嫚和吴秀芹，2018），如湿地水文的纵向、侧向和垂向连通等；③恢复自然的水文水动力过程，包括自然的洪水节律及洪水脉冲、水位变化等（Clilverd et al.，2016；崔保山等，2022）；④恢复湿地的生态需水量及基本的生态流量（姜德娟等，2003；张丽等，2008）。

四、生态系统服务功能恢复与优化

生态系统服务功能对于健康的湿地生态系统至关重要，生态系统服务功能的整体优化和提升是湿地修复最重要的目标。在具体的修复过程中，重点关注以下方面：①恢复水质净化、侵蚀控制、洪水调蓄、雨洪管理及气候调节等调节功能（莫琳和俞孔坚，2012；杨一鹏等，2013）；②恢复初级生产、提供生境等支持功能；③恢复淡水、食品等供给功能（李潇等，2019）；④恢复湿地的美学、文化及科普教育等功能。在湿地生态系统服务功能恢复方面，强调主导功能优先、多功能并重，尤其应加强湿地生态系统不同服务功能之间的耦合设计。

第二节　湿地生态系统修复原则

湿地生态系统修复要遵循以下几个原则。

（一）自然性原则

遵循"自然是母，时间为父"的原则，了解湿地退化前原生状态下的基本特征、结构和功能，强调与自然的合作。

（二）自我设计原则

湿地修复最终目的是达到湿地生态系统的自我维持，因此了解湿地生态系统各要素之间的耦合关系及在自然状态下自我维持机制、发挥湿地生态系统自我设计和自我维持的功能，是湿地修复的关键内容。

（三）整体性原则

以系统的观点设计湿地生态系统修复。湿地修复应在生态系统层次上展开，保证湿地生态系统结构和生态过程的完整性。

（四）多样性原则

多样性恢复是湿地修复的重要内容。湿地的多样性不仅指湿地生物物种多样性，还包括生境类型多样性、群落结构多样性、生态功能多样性、地貌类型多样性、水文形态多样性等。

（五）功能性原则

在湿地恢复工作中，应重形态和结构，但是更应重视功能的恢复，只有功能的全面恢复才是湿地修复永久可持续的保证。

（六）协同共生原则

湿地生态系统中的生物要素与环境要素，以及人与湿地生态系统都共处于一个协同进化体之中，湿地修复的目的就是达到湿地系统各要素之间的协同共生。

第三节　湿地生态系统修复策略

湿地生态系统修复有以下几个策略（图 2-2）。

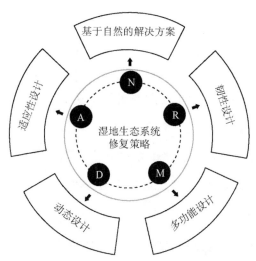

图 2-2 湿地生态系统修复策略

（一）基于自然的解决方案

基于自然的解决方案（nature based solution）提倡尊重自然、依循自然，充分了解自然湿地的基本结构和功能，遵循自然的基本法则，尤其是要了解自然系统背后的调控机制。

（二）适应性设计

适应性设计（adaptive design）针对环境变化，在湿地修复中，无论是植物种类选择、群落结构配置，还是湿地生态系统修复，都必须适应变化的环境。

（三）韧性设计

韧性设计（resilience design）强调采取韧性设计方法，采用韧性材料，实施韧性施工技术，构建湿地韧性生态结构，提高湿地生态系统对环境变化的韧性应对能力及快速自我恢复能力。

（四）动态设计

动态设计（dynamic design）是指在湿地生态系统修复的结构、功能和过程设计等方面，应根据环境的动态变化特点，采取适应性动态设计策略和技术，体现动态节律。

（五）多功能设计

多功能设计（multifunctional design）充分考虑湿地的主导生态功能，如涵养水源、净化水质、提升生物多样性、碳汇等，强调主导生态服务功能优先，多功能耦合设计。

第四节　湿地生态系统修复技术

一、湿地生态系统修复技术框架

本书认为，湿地生态系统修复技术主要包括水文和水环境修复、基底结构与土壤修复、植被修复和生境恢复四个方面。基于湿地生态系统组成要素、结构、功能和过程，结合湿地生态系统修复的目标需求，提出湿地生态系统修复技术框架（图 2-3）。

二、水文和水环境修复

水是湿地的重要组成要素，水文和水环境是湿地生态系统健康的基本保障（陈敏建等，2008）。水文及水环境修复是湿地修复的关键环节，前者主要通过维持自然水文形态、实施水文连通、提供基本的生态需水量、调控水位以恢复水文节律等方法实现；后者主要通过人工处理、生物修复等方法，针对受污染水环境进行改善，实现水体水质净化和提升水环境承载力的目标。

（一）维持及调控自然水文形态及其多样性

水利灌溉、水电工程或者其他人为干扰活动将原本形态自然的水系（如河、湖等）裁弯取直或者硬质化，导致自然水文形态及多样性被破坏（董哲仁，2003）。水文形态多样性维持及调控就是要将渠化及裁弯取直的河流、沟渠恢复成自然的蜿蜒形态，使得水文形态多样化，并奠定湿地生境多样性的基础，从而丰富湿地水文过程在时间和空间上的异质性。除了拆除硬质化的挡水结构外，还可以通过向河道、湖泊、库塘等湿地的边缘抛石、种植挺水植物，重建自然的水文形态。

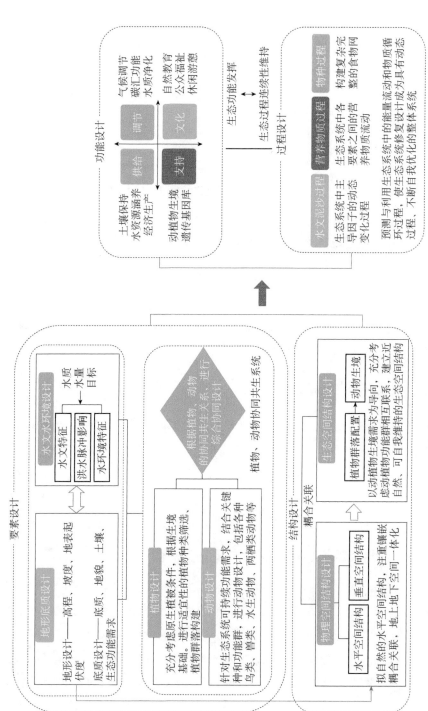

图 2-3 湿地生态系统修复技术框架

（二）实施湿地水系的水文连通

由于在河流、沟渠等建筑水坝、堤坝，以及硬化河湖基底，导致纵向、横向、垂向的水文连通被阻隔，从而对湿地动物的栖息及洄游产生不利影响。实施水文连通，主要通过拆除水坝、堤坝等纵横向挡水建构筑物及建设引水沟渠、桥涵、水闸、泵站等技术实现。

1. 拆除水坝、堤坝等纵横向挡水建构筑物

通过拆除河溪或沟渠上的水坝或其他纵向挡水结构，实现河溪、沟渠的纵向水文连通。通过拆除河溪、湖库沿岸的堤坝，实现河溪、湖库横向水文连通和生态联系。

2. 修建水闸、泵站，调控水文连通

通过在河溪、沟渠及其与湖库、水塘等湿地相连处建设调控水闸，保证水文连通。

3. 修建引水及输水沟渠

沟渠系统是连接水源地（如河流、湖泊、水库）与湿地的重要线性连通结构，完成引水及输水功能。通过修建沟渠等引水及输水结构，增强湿地生态系统内外水体的连通与交换。在山地、丘陵区域的输水沟渠系统建设中，在跨越沟谷的区域常常需要建设架空的渡槽（邓蜀阳等，2021）。沟渠系统建设应尽可能自然（Bolpagni et al.，2019），并采用柔性材料保证沟渠系统边岸自然蜿蜒和水道结构自然。

（三）建设水闸、潜坝等水控结构，实施水位调控

水位控制主要采取建设水闸、潜坝、泵站等措施（马广仁等，2017），按湿地生态系统的功能需求调控水位，并维持水位的变化，设计时要求考虑季节性水位变化，实现丰水期排水和枯水期储水的功能。

（四）恢复水量，保证湿地的生态需水

1. 生态补水

利用自然河溪、人工沟渠、提水泵站等措施引水，向退化湿地进行生态补水。湿地生态补水的来源也可采用经净化处理的再生水（王文明等，

2019；王骁等，2018）。

2. 围堰蓄水

围堰通常用于有地势高差的退化湿地，修筑围堰以围堰蓄水，保证湿地的水量。在实际的湿地围堰蓄水中，常以潜坝围堰，可形成一定面积的水面，提高蓄水能力。在河溪上砌筑潜坝，不能阻断河流的纵向水文连通性。通过围筑陂塘、挖掘牛轭湖等结构，也可以达到湿地修复中的蓄水目的。

3. 修复区域局部深挖

在湿地修复中，挖、填及其有机结合是常用的修复技术。在缺水干涸的地面或浅水沼泽中，通过挖掘深水凼，创造修复区域局部深水区，增加蓄水量。这些深挖形成的湿地塘和深水区，除了满足蓄水功能外，也常常成为鱼类、两栖类和水生昆虫的重要栖息和庇护场所。

4. 雨水收集利用系统

利用雨水补给湿地水源是可持续的补水策略（姜文来等，2005）。根据来源不同，可分为屋顶雨水和地面雨水。湿地修复中常见的雨水收集系统包括屋顶花园（孙松林等，2018）、雨水花园（Jia et al.，2017）、生物滞留塘、生物沟（Williams et al.，2004）和生物洼地。也可将城市雨污分流后的雨水管接入人工湿地净化，利用自然重力出水流入缺水湿地，进行生态补水。

5. 营造水源涵养林

在湿地的上游区域（如河溪、湖库的面山区域），森林起着重要的水源涵养作用。通过在河流第一层山脊、湖库周边面山区域营造水源涵养林，使湿地区域水量和水质得以保障。

（五）改善水质，维持湿地的优良水环境

湿地水环境污染源包括湿地区域内和周边的生产生活污染源、农业面源等。水环境修复技术包括以下五个方面。

1. 人工湿地处理

在乡村区域的湿地修复中，乡村聚落及农户的生活污水可通过人工湿地处理（袁兴中等，2014），包括表流型人工湿地和潜流型人工湿地。湿地修复中对于人工湿地的建设，除了要考虑地形条件、底质构建、植物筛选外，也

要考虑对乡村景观的美化作用及生物多样性功能的提升。

2. 氧化塘

氧化塘是湿地修复中利用天然净化能力对污水进行处理的塘系统（王沛芳等，2006）。在我国的乡村区域，这种氧化塘广泛分布，如安徽巢湖流域的当家塘（尹澄清和毛占坡，2002）、赣南的风水塘等，这些氧化塘依靠塘内生长的植物和微生物，能够有效去除水中的有机污染物。

3. 滨岸湿地缓冲带

水岸是陆地和水之间的重要生态界面，其河岸林及河岸灌丛起着拦截和净化的作用。通过栽种植物及形成复杂的群落结构，在河溪、湖库的边岸构建起具有一定宽度的植被缓冲区及功能性湿地（张静慧等，2022），发挥过滤、净化功能。

4. 在水下种植沉水植物

种植沉水植物是近年来常用的改善水质的技术措施（高吉喜等，1997）。常用的具有水质净化功能的沉水植物有金鱼藻（*Ceratophyllum demersum*）、苦草（*Vallisneria natans*）、黑藻（*Hydrilla verticillata*）、穗花狐尾藻（*Myriophyllum spicatum*）等。种植于水下的沉水植物形成"水下森林"，不仅可增加水中溶氧，净化水质，而且能形成复杂的水下生态空间，为水生动物提供栖息和隐蔽场所。

5. 人工浮床

针对湖库、水塘等湿地的水质净化，建设人工浮床（闫诚等，2020），其上种植具有污染净化能力的水生植物，如美人蕉（*Canna indica*）、千屈菜（*Lythrum salicaria*）等，根系能有效发挥净化水质的作用，也可为鱼类、水生昆虫提供栖息场所，甚至成为鱼类的产卵附着基质。

三、基底结构与土壤修复

（一）地形修复

对湿地的破坏常常表现在硬化基底结构、改变和破坏湿地基底的地形。地形修复是湿地生态系统修复的重要基础，适宜的地形有利于形成不同的水深环境、合理控制水流和营造生物的适宜栖息生境。

1. 地形基本骨架修复及营造

通常，在河溪、湖库及其他湿地类型，从边岸到中心，地形有明显的高程梯度和起伏变化，这是湿地水质自我维持和生物生存的基础。在湿地修复中，根据不同的湿地类型和具体的立地条件，修复和营造从湿地中心到边岸的高差及起伏的地形，重建微地形组合格局，通过营造湿地岸带、浅滩、水潭、深水凼、促进水体流动的微地形、开敞水域分布区等地形，重建湿地修复区地形基本骨架。

2. 典型湿地地形修复

典型湿地地形主要包括缓坡岸带、浅滩、水潭、生境岛、急流带、滞水带、洼地、水塘等类型。

通过在河溪、湖库及其他湿地类型进行生态化水岸的营建，形成缓坡岸带，为植物提供着生基底，形成具有一定宽度的生态缓冲带，发挥拦截、净化作用。同时，通过在退化湿地进行地形修复，营造浅滩环境，形成适宜植物生长和鸻鹬类水鸟栖息的浅滩。在退化湿地中营建具有一定面积的水潭或深水区，为鱼类及其他水生动物提供越冬场所和庇护场所。通过挖、堆结合的方式，营建生境岛屿，为水鸟提供栖息生境。洼地是湿地中常见的地形，在退化湿地修复中营造洼地，既可提高地表环境异质性，也可在非降雨期由于水分饱和、土壤湿润，起到释放水分、调节微气候的作用。急流带和滞水带是通过抬高和削平地形相结合的方式营造的，在来水方向抬高地形，与出水方向形成倾斜状地形，加速水体流动速度，形成急流带，从而满足喜流水生活的水生昆虫、鱼类的栖息需求。在出水方向抬高地形，可形成滞水带地形，以减缓水体流动速度，从而为着生藻类、适应静水的沉水植物、各种水生昆虫、鱼类、穴居或底埋动物提供适宜生境；可通过石块及倒木等在出水方向抬高地形。此外，通过在退化湿地区域挖掘形成大小、深浅不一的水塘，即负地形营造，可发挥雨洪调节、蓄水等重要生态功能，也为水生生物提供生存空间。

（二）土壤修复

1. 消除土壤污染物，移走受污染土壤

清除受污染湿地区域的土壤污染物，消除土壤污染源。对于污染范围不大，污染程度较轻的退化湿地区域的土壤，可采取异位修复方法，即直接移走受污染土壤。

2. 原位修复受污染土壤

原位土壤污染修复技术包括物理修复、化学修复、生物修复等技术。生物修复技术是通过植物和微生物代谢活动来吸收、分解和转化土壤中的污染物质，在土壤修复中，主张以生物修复为主，以物理修复和化学修复为辅。

四、植被修复

植被是湿地生态系统的重要组成成分，提供初级生产，为动物提供栖息生境和食物来源。对于退化植被的修复，主张以自然恢复为主，人工修复为辅。

（一）自然恢复

通常，对于人为干扰不大、破坏不严重，且土壤种子库丰富的退化湿地区域，采取自然恢复，即通过封育，使得受破坏湿地的退化植被得以自然恢复。

（二）人工修复

在人为干扰强度大、破坏严重的退化湿地区域，采用自然恢复和人工修复相结合的方式。通过科学设计，在退化湿地区域种植湿地区域原有乡土植物，进行群落结构优化，修复湿地植被结构及功能。在后期，强调以自然的自我恢复为主。人工修复技术包括植物种类筛选、群落配置、外来有害物种控制。

1. 植物种类筛选

湿地修复中植物种类的筛选原则包括：尽可能采用对修复环境适应性强的本地乡土植物，所筛选植物抗病虫害能力强，繁殖、栽培和管理容易。乡土植物适应本地生长条件，能够与本地动物和微生物形成协同共生关系，且许多鸟类与昆虫对特定的本地乡土植物存在依赖关系。乡土植物来源除了从

商业苗圃购买外，还可充分利用土壤种子库，种子库引入技术包括利用原有湿地基质中保留的种子库以及从其他区域转移种子库两种方法。在移植种子库时应尽量选择与修复区原有植被类型、土壤条件等相似区域的土壤种子库，使修复区的植被接近于原有的植被类型，能更好地适应环境。

2. 群落配置

群落配置包括滨岸带植物群落配置、浅水区域群落配置。根据河溪、湖库等湿地滨岸的水位变化情况，按照高程梯度和地形条件，营造植物群落的分带格局，从水体向陆地过渡依次为沉水植物带、浮水植物带、挺水植物带、湿生植物带（包括湿生草本、灌木和乔木），形成滨岸水平空间上的多带生态缓冲系统。

浅水区域应合理配置沉水植物、浮水植物和挺水植物，通常是按照高程梯度进行分带种植，沉水植物应进行多种类混合栽种，形成复杂的水下生态空间，丰富水下生境类型。

3. 外来有害物种控制

外来有害物种控制已经成为湿地修复的重要内容，常常决定着修复的成败。在湿地修复中，应加强外来有害物种的防控，主张用本地物种迅速恢复受干扰地区，减小入侵风险。可通过人工收割或打捞，以及立即在受干扰区域再种植本地植物等，对外来有害物种入侵进行控制，但应谨慎使用除草剂，还应加强外来有害物种的监测、预警，建立应急防范措施。

五、生境修复

生物种的多样化和物种生境的生态复杂性，是湿地生态系统健康赖以维持的根本。生境修复主要通过地形营建和植被修复，形成有利于动物栖息、繁殖和庇护的场所。生境修复措施根据其对象的生物学习性和生态特征而定，修复措施主要包括微地形改造、植被修复、水深控制、补充食源地等。本书重点针对鸟类生境修复、鱼类生境修复和昆虫生境修复进行阐述。

（一）鸟类生境修复

通常鸟类生境修复需满足三个条件，即为鸟类提供栖息场所、避敌场所和食物来源（刘旭等，2018）。根据鸟类生态学和生态工程原理，通过营建丰富多样的植被结构层次、鸟岛、潟湖、浅水滩涂等生境，以及种植鸟类的食物源植物，为鸟类提供栖息、觅食、庇护及繁殖场所。可按栖息、繁殖和觅食活动分别进行微地形改造、底质改造、水位控制和补充食源地配置（高伟和陆健健，2008）。

湿地鸟类（包括涉禽，如鸻形目、鹤形目、鹳形目鸟类，以及游禽，如雁形目、鹈形目鸟类）的生存，需要水域、裸地、植被三种要素共存。针对不同的鸟类，设计不同水位深浅区域，通常鸻鹬类喜好的水深为0～0.15m；鹤鹳鹭类喜好的水深为0.10～0.40m；雁鸭类喜好的水深为0.10～1.20m。涉禽觅食和栖息需要浅滩环境，游禽需要开阔明水面和深水域。因此，营造浅滩-大水面复合生境可为湿地鸟类提供多种栖息环境。针对涉禽，恢复营建满足其栖息的平缓浅滩生境。针对游禽生境尤其是其夜栖地的营建，恢复满足游禽夜栖的平缓浅滩及低矮草丛生境。

湿地植被为鸟类创造了筑巢觅食、躲避天敌入侵和人类干扰的天然庇护环境。在湿地修复中，应针对不同鸟类栖息、觅食和繁殖习性，配置乔灌草混交、植物物种及群落结构丰富的湿地植被。植被修复还应考虑鸟类食源，针对鸟类食性需求，种植浆果类、草籽类、球茎类植物，在湿地周边种植鸟嗜树种，如桃（*Amygdalus persica*）、杏（*Armeniaca vulgaris*）、李（*Prunus salicina*）、樱桃（*Cerasus pseudocerasus*）、葡萄（*Vitis vinifera*）、火棘（*Pyracantha fortuneana*）、枸杞（*Lycii Fructus*）、女贞（*Ligustrum lucidum*）等，由此为鸟类创造多种食源。

枯木、倒木也是重要的小型生境单元，能够为鸟类提供庇护和栖息生境，从岸边伸向开放水域的倒木可为水鸟提供栖木。此外，在缺少浅滩或无法营建浅滩的深水区，可以通过营建"浮排"形成深水区的草滩系统（袁兴中等，2020），浮排上覆薄层种植土，种植芦苇（*Phragmites australis*）、芋（*Colocasia esculenta*）、灯心草（*Juncus effusus*）、狗尾草（*Setaria viridis*）等草本植物，为水鸟栖息、觅食、营巢及庇护提供良好生境。

生境岛是鸟类栖息的重要场所（Wiens，1995），可以根据地形、水文特征、植被类型、水鸟种类等确定生境岛的形状、大小，通常通过挖、堆相结合的方式，形成湿地中的孤立岛屿或岛链，岛上可通过挖掘形成洼地或浅水塘，岛上种植低矮的湿生草本植物，形成有利于鸟类栖息的环境。

湿地底质的改造，对鸟类生境修复也具有重要意义。例如，很多鸟类需要通过吞咽少量沙子帮助消化植物性食物。因此，在完全是淤泥质底质的湿地区域，可适当铺设粗砂形成镶嵌状底质斑块，为鸟类营建适宜生境。

（二）鱼类生境修复

在鱼类生境修复中，应保证修复区域的水文连通性，维持优良水质，满足鱼类健康生活的水文及水环境需求。进行水下微地形塑造，利用卵石及植物材料，构建多孔穴空间，为鱼类提供良好的庇护及栖息环境。此外，利用卵石及植物材料，也可为鱼类提供产卵基质（包括各种产卵习性的鱼类），满足鱼类产卵条件。

通常，河溪、湖库湿地的边岸带是重要的草食性鱼类索饵场和产黏性卵鱼类的产卵场。因此，修复重建边岸带植被，十分有利于鱼类觅食并寻找产卵附着基质。同时河流湿地、湖库湿地的基岩边岸腔穴或水底腔穴对于鱼类庇护、临时性产卵具有重要作用，应营造多孔穴的生境空间，提供鱼类庇护及产卵生境。

在浅水区域种植多种类混交的沉水植物，放置枯树枝、倒木等，形成复杂的水下生态空间，为鱼类提供栖息、觅食生境及产卵附着基质。在近岸水域及河口区域，抛石营造鱼类栖息繁衍的生境条件。

（三）昆虫生境修复

昆虫是湿地生态系统中的重要生物类群，其中，一部分传粉昆虫对湿地植物的有性繁殖及其分布格局起到关键支撑及影响作用，是湿地生态系统中的关键种。在昆虫生境修复中，应针对各种昆虫的生活习性、生境特点，丰富湿地区域植被类型、植物种类组成及群落结构层次，为各种昆虫提供栖息、庇护生境及食物供给。也可利用湿地区域的木质物残体，营建各种形态的昆虫旅馆，使其多孔穴空间成为昆虫栖息和庇护的良好场所。在湿地区域的水岸和陆地区域可营建各种类型小微湿地，为水生昆虫提供栖息生境。

第三章　生命的回归——海口五源河
河流湿地生态系统修复

河流作为人类最重要的环境资源之一，其健康动态已经成为流域和区域可持续发展的焦点（Palmer et al.，2014；Zhao et al.，2019）。河流是城市景观的线性要素，是重要的生态基础设施，以及文化、旅游和休闲游憩活动空间（Gravari-Barbas and Jacquo，2016；Jones，2017）；作为城市景观中的低洼点，对城市化及其巨大的人为干扰带来的变化尤为敏感。河流湿地生态系统是其集水区内各种环境特征的综合表征体，在其集水区内，自然变化和人为干扰都会影响到河流湿地生态系统的组成要素、结构和基本生态过程，河流湿地生物群落及生态系统整体对集水区自然和人为干扰的时空变化也给出了积极的响应（Naiman and Bilby，1998）。在全球变化的大背景下，在河流生态系统自然演变的基础上叠加巨大的人工干扰，对水资源的不合理利用、盲目建设水利水电工程、污染水域、改变城市土地利用格局等人类活动，已使大多数河流湿地生态系统受到不同程度的损害（倪晋仁和刘元元，2006；Vandijk et al.，1995）。面对日益突出的河流湿地生态环境问题，修复受破坏的退化河流湿地生态系统是摆在我们面前的重要任务（Bernhardt and Margaret，2007）。

国际上自 20 世纪 50 年代起开始探索如何恢复受污染和生态退化的河流湿地。德国的 Seifert 于 1938 年提出了"近自然治理"理念（董哲仁等，2014）；50 年代，德国创立了"近自然河道治理工程学"，提出河道整治要符合植物化和生命化的原理；近几十年来，德国政府大力推行以修复河流生态系统结构、功能、提升河流景观品质等综合目标为导向的河流生态修复（谢雨婷和林晔，2015）。日本在 80 年代采用一系列生态化手法，进行了多自然型河流的治理实践（日本财团法人河流整治中心，2003）。我国近年来才开始逐渐重视河流湿地生态修复，从 21 世纪初以消黑除臭为主要目标的河流水环境综合治理，到近几年的"山水林田湖草"生命共同体生态修复实践活动（彭建等，2019），开始了从河流工程治理阶段向生态修复阶段的转变。在我国的河流湿地生态修复中，从生态水工学原理的运用（董哲仁等，2014），让自然做功的河道生态修复（黄剑和张杰龙，2018；马广仁等，2017），到基于国土空间规划与多学科协同的流域生态修复（张莉，2019），强调基于自然的解决方案，发挥自然的自我设计和自我修复能力。

生物多样性是河流湿地生态系统中最重要的组成要素，也是河流湿地生态系统健康维持的重要支撑。过去，在河流湿地生态修复中，多注重形态结构修复和景观美化，生物多样性一直受到忽略。目前，对河流生物多样性及其与河流生态系统健康之间的关系的研究尚不深入；基于生物多样性提升的河流生态系统修复设计与施工技术方法十分缺乏有效的科学指引（Van der Velde et al.，2006；Margaret and Albert，2019）。本章以位于热带滨海城市海口市秀英区的入海河流——五源河为对象，重点探讨以生物多样性提升为目标的河流湿地生态修复。2016 年年底海口市秀英区将五源河申报为国家湿地公园，获得国家林业局批准，成为国家湿地公园建设试点。2016 年作为南渡江综合整治的组成部分，进行了五源河水环境综合治理，项目施工完全按照传统灰色工程的做法。2017 年年初海口市全面启动了国际湿地城市申报，五源河国家湿地公园成为国际湿地城市建设的重要细胞工程。与此同时，海口市委、市政府决定暂停五源河水环境综合整治项目的施工，按照生态河流及国家湿地公园建设目标要求重新定位并开展河流生态系统修复设计。自 2017 年年初以来，本书作者及其团队在完成五源河生态修复设计的基础上，开始了对五源河生态修复的实践。本章在分析五源河修复前生态环境状况和生物多样性本底的基础上，基于生物多样性提升目标，从生命景观河流修复的角度，探索城市河流湿地生态系统修复的创新路径和模式，以期为城市河流湿地生态系统修复和生物多样性提升提供科学依据和技术借鉴。

第一节　研究区域概况

一、地理区位

五源河发源于海南省海口市秀英区永兴镇东城村，是海口市西部最重要的河流之一，也是连接海口南部羊山火山熔岩湿地区域与海口市北部海域的重要生态廊道。五源河的源头由五条支流汇集而成，在新海乡后海村滨海大道北侧流入琼州海峡海口湾（图 3-1）。流域面积 84km²，干流河长 27.29km。

图 3-1　五源河地理位置图

二、环境概况

五源河位于海口市西部，流域为丘陵-平原地貌，地势东南高、西北低。南部为羊山火山熔岩区域，向北入海注入琼州海峡。五源河河宽 5～20m，平均坡降 3.630‰，年径流量 1.12m³/s。过去，由于防洪排涝水利工程建设，五源河自永庄水库出水口至椰海大道已有 3.2km 河道进行了防渗硬化工程。中下游河段人为侵占河道现象较严重，工厂企业及农业面源污染较大，造成河流化学需氧量（chemical oxygen demand，COD）、总氮（total nitrogen，TN）、总磷（total phosphorus，TP）等污染指标严重超标，实施生态修复前，五源河整体水质为V类，水污染严重。2016年配合南渡江引水工程建设，当地进行了五源河水环境综合治理施工，截至2017年2月，完成了下游3.3km河段的截污干管建设、河道清淤、石笼网护岸等工程，原有蜿蜒的河段被工程顺直化处理，使得下游河段河岸笔直生硬（图3-2）；工程施工及过去的淤积，导致原有的河道破坏严重，河道浅滩-水潭交替的生境格局受到破坏，河流生境类型单一；部分岸段硬质的直立式陡岸以及平直的石笼网护岸使得作为重要生态界面的河岸带受损，生物多样性及河岸生态服务功能大大降低；由于人为干扰严重，硬质工程痕迹明显，河流景观品质低下。

(a) 修复前污染严重的河流水质

(b) 硬化的直立式陡岸　　　　　　　　(c) 修复前笔直生硬的下游河道

图 3-2　实施生态修复前的五源河状况

三、生物多样性本底状况

2016年修复前，五源河植被类型较单一，局部河岸土壤较瘠薄。干流河道河岸植被中上游以稀树灌丛为主，在以露兜树（*Pandanus tectorius*）、风箱树（*Cephalanthus occidentalis*）、箣竹（*Bambusa blumeana*）为主的河岸灌丛中，稀疏混生对叶榕（*Ficus hispida*）、苦楝（*Melia azedarach*）等乔木。下游及河口段河岸植被以散生黄槿（*Hibiscus tiliaceus*）等半红树植物为主，构成稀疏半红树群落。修复前五源河共有野生维管植物 96 科、318 属、427 种，其中蕨类植物 7 科、8 属、10 种，被子植物 89 科、310 属、417 种。外来入侵植物危害较严重，河岸区域白花鬼针草（*Bidens alba*）广泛分布，水葫芦（*Eichhornia crassipes*）、大薸（*Pistia stratiotes*）等入侵植物在很多河段对水面全覆盖，造成水生生态系统严重缺氧。由于河道污染严重及生境单一，湿地植物种类较少。修复前的五源河有野生陆栖脊椎动物 25 目 66 科 154 种，其中哺乳类 5 目 8 科 11 种、鸟类 9 目 31 科 82 种、爬行类 1 目 4 科 8 种、两栖类 1 目 4 科 9 种；修复前五源河有鱼类 30 种。

第二节 修 复 目 标

通过五源河河流湿地修复工程的实施，恢复受破坏退化的河流生境，增加河流生境类型多样性，恢复河流生境自然性及提升河流生境质量；恢复河岸植被类型多样性、种类多样性及植被连续性；使河流鱼类种类、湿地植物种类、鸟类种类明显增加，真正实现让河流生命回归，建设南中国热带滨海城市最具生命力的都市河流，将五源河建成城市生命景观河流样板，使五源河真正成为生命之源、生态之源。

通过修复、提升、重建、激活、延续五大策略，实现五源河生态修复及生物多样性提升目标。

（一）修复

通过建立河岸多带多功能缓冲系统，重建河道浅滩-深潭交替的生境格局及沙洲系统，构建上游水源涵养林及河岸林带，整体修复城市河流湿地生态系统。

（二）提升

通过河道生境系统、河岸生境系统建设，植物-动物协同共生系统建立，利用火山石等柔性材料及植物等生物材料，重建多样的生境系统，实现五源河生物多样性整体提升。

（三）重建

通过重建河道生命景观、河岸生命景观系统，以及修复后的再野化过程，重建五源河河流生命景观体系。

（四）激活

通过滨水绿道系统构建，滨水界面的水敏性结构建设，以及与生境系统有机融合的宣教体系建设，激活都市人居环境滨水界面。

（五）延续

充分挖掘和利用五源河南部源头——羊山火山熔岩湿地区域的生态智慧，将火山石蛇桥、古老的火山石灌渠系统等富有生态智慧的技艺和结构运用于五源河生态修复中，延续火山熔岩湿地生态智慧。

第三节　河流湿地生态系统修复设计与实践

一、河道生态恢复——三维生态空间重建

五源河是海口市秀英区的入海河流，是市区南部羊山火山熔岩湿地区与海洋之间的重要生态廊道，下游 3.3km 长的河段正是海洋潮汐影响河段，是陆海营养物质、物种交流的重要界面。下游河道除了周期性潮涨潮落的影响外，五源河流量随季节而变化，暴雨期间河水猛涨，干旱季节流量较小，甚至局部河段河水状如细线。在五源河河道生态恢复中，遵循"山水林田湖草"生命共同体的整体生态理念和"山-河-湖-海"流域一体化概念（杨海乐和陈家宽，2016），进行河流三维生态空间重建设计（图3-3）。

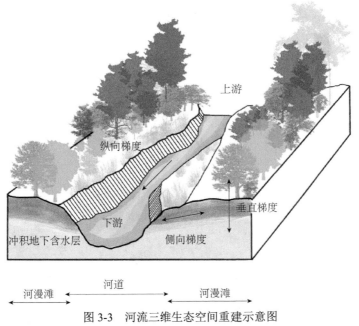

图3-3　河流三维生态空间重建示意图

（一）纵向维度——生态连通的蜿蜒河道修复

在五源河流域及全河段尺度上，应保证生态连通及河流纵向维度完整性。结合两岸现状和用地性质，在纵向上将五源河全河段划分为河源生态保育段、上游田园河流景观段、中游近自然修复河段、下游生命景观河段、河口生态保育+景观修复河段5种类型。河源段是水源地和物种库，以生态保育为主。上游河段河岸总体较自然，两岸有一些农耕区，但有部分河段被硬化、渠化，在保留原生河流地貌的前提下，设计河岸多塘系统，在对上游河段面源污染净化的同时，提供两栖类和鸟类等生物的栖息场所。中游段以近自然河流设计理念为指引，保留宽阔的河漫滩，以及浅滩-水潭交替的河流生境格局，恢复连续的河岸植被，将中游段建成河流自然花园，体现河流自然之美。下游河段长3.3km（含河口），破坏衰退严重，2016年实施的五源河水环境综合治理工程，使得下游3.3km河段河岸渠化，变成顺直生硬的河段，失去了天然河流纵向梯度上的自然蜿蜒性，并使该段河道的河床变得平直均一，原有的浅滩-深潭生境格局及河流沙洲系统消失。下游河段的设计目标是"生命景观河段"，在保障纵向生态连通性的前提下，将顺直渠化河段恢复成纵向自然蜿蜒河段，重建中观尺度上的浅滩-深潭纵向生境格局，恢复河心沙洲（图3-4）。蜿蜒河段、浅滩-深潭纵向生境格局的恢复，以及河心沙洲的重建（王强等，2012），保证了纵向梯度上河流生境的多样性，为水生植物、鱼类和鸟类提供栖息生境和庇护场所。此外，纵向维度上河流的水文连通性，不仅能够有效保障河流物种的迁移和运动，而且使下游河段咸淡水交混生境得以维持，为部分海洋鱼类和喜咸淡水鱼类提供了良好生境，有利于河流生物多样性的维持和提升。

图 3-4　五源河纵向维度的河流生态恢复设计模式图

（二）侧向维度——从水到陆的生境梯度重建

修复前五源河上游部分河段用水泥衬砌，成为直立式陡岸；下游 3.3km 河段以石笼网护岸，成为顺直河岸，在侧向空间上形成平整的人工坡面，生境梯度消失。为了恢复自然河岸的生态空间，对五源河进行了从水到陆侧向生境梯度的设计。按照高程梯度和水分梯度，对拆除直立式硬质陡岸，以及拆除石笼网（或在石笼网上覆土）后的河岸，进行地形处理和营建。保证河流侧向维度上有足够宽度的生态空间。尤其是在下游河段，在河流两侧保证 30m 宽的河流侧向生态空间，设计并实施了从浅水区→水际线→河岸带→过渡高地→高地的多功能生态缓冲带（图3-5）。浅水区植物以自然恢复为主。

水际线和低河岸区域以洄水湾、洼地、火山石抛石护脚等形态为主，为不同种类的水生无脊椎动物、鱼类等提供栖息生境，稀疏种植茳芏（*Cyperus malaccensis*）、香蒲（*Typha orientalis*）等挺水植物，创造让水蕨（*Ceratopteris thalictroides*）能够自然恢复的火山石孔隙空间。河岸带上部以疏林草甸为主，并与过渡高地的林带形成河岸生态防护带。由于在侧向维度上拆除了硬质结构，洪水脉冲的生态效应得以保障（董哲仁和张晶，2009），加强了河流在侧向维度上的生态交流，通过洪水脉冲实现河道水体与河岸之间的营养物质交换和物种交流，从而提高生物多样性。

图 3-5　五源河侧向生境梯度设计模式图

（三）垂向维度——垂直竖向生态交换的维持

在修复前的 2016 年，在当时实施的南渡江水环境综合整治工程中，五源河作为其中一部分，对其下游河段进行治理，将原来蜿蜒自然的河流变成顺直河段；对部分河段进行清淤，破坏了原有河床的地形结构，使河床变得平整。为了保证河流垂向维度上的生态连通性，规划避免对五源河进行河床的硬质铺垫，保证上游河段河床的块石和卵沙石底质，恢复中下游河段河床的沙质底质，不仅使垂向梯度上水文流（包括上行流和下行流）得以维持，能实现底栖生物及营养物质的垂直交换，而且保证了五源河垂直竖向上的生态连通功能，也有利于形成河流景观中不同水温的水团异质性，为河流中的鱼类等水生生物生存提供必要条件。

二、河岸生态修复——柔性生态河岸设计

河岸带是集水区陆域与河流水体的界面，在这个界面层内，环境胁迫最易富集，河流调节也最活跃，因此是河流与景观环境耦合的核心（Nierenberg and Hibbs，2000）。河岸带这一界面在河流生态系统健康的维持中起着十分重要的作用，其结构与功能多样性，直接关联着河流生物多样性。

（一）硬质河岸的消解——柔性河岸设计和生态化处理

修复前五源河上游部分河段的硬质水泥陡岸和下游河段顺直平整的人工坡面，不仅阻碍了洪水脉冲对河岸的生态效应，而且生硬单一的形态，使得河岸生境多样性大大降低，不利于河岸生物的生存。在五源河生态修复设计与实践中，破除硬质水泥陡岸和下游河段顺直平整的人工坡面，以柔性景观空间构建、柔性材料运用、柔性施工技术等柔性生态工法，进行河岸柔性生态空间重建。从水际线→河岸带→过渡高地→高地的多带多层复合混交植被，形成河岸的柔性景观空间，增强对热带台风及人为干扰的韧性应对能力。运用火山石等柔性材料（图3-6）形成河岸多孔穴的生态空间，为无脊椎动物和鱼类等提供栖息场所。

图3-6 运用火山石等柔性材料形成河岸多孔穴生态空间

（二）跨越界面的设计——多带多功能缓冲系统建设

五源河的生态界面包括干支流河道的河岸及五源河入海的河-海交界区。本书重点针对河岸带这一水陆界面，基于跨越界面的地表径流、营养物质流和物种流，进行跨越界面的生态设计。从界面底质、界面宽度、界面生物群落组成、界面生态结构体系等方面进行综合设计和修复。根据界面生态调控理论和技术，本书在五源河的生态修复中，提出了跨越河岸界面的多带多功能缓冲系统模式图（图3-7），多带包括：浅水区沉水植物+挺水植物带、水际线挺水植物带、低河岸区湿生草甸带、河岸带上部疏林草甸带、过渡高地林带。通过多带缓冲带建设，实现多功能目标，即河岸稳固和防护功能、地表径流拦截净化功能、生物多样性保育功能、景观美化功能、休闲游憩功能等。

图3-7　河岸带多带多功能缓冲系统模式图

（三）多功能界面思考——河漫滩生命综合体恢复

河漫滩是河岸生态界面的类型之一。河漫滩位于河床主槽一侧或两侧，是洪水时被淹没、枯水时出露的滩地。从河床到河漫滩，无论是在纵向空间或是侧向空间上，河漫滩常常形成多样化的小微水文地貌结构和小微生境类型，维持着种类多样的河流生物（Bisson et al.，2007）。河漫滩的存在为五源河湿地植物和动物提供了栖息场所，如五源河下游段的弹涂鱼（*Periophthalmus cantonensis*）就栖息在这些表面富有硅藻的河漫滩上。在下游河段，由于2016年实施的水环境综合治理工程中将河道清淤、石笼网护岸，下游河段的大多数河漫滩消失或河漫滩生境多样性降低。基于这种状况，本书提出"河漫滩生命综合体"的设计方案。结合湿地植物和动物的生存需求，以及水生无脊椎动物、鱼类和水鸟的觅食和产卵生境需求，根据水文和地形条件，通过地形和植物设计，将河漫滩洼地、河漫滩水塘、河漫滩卵石滩、河漫滩沼泽等多种类型的生境有机镶嵌，并将河漫滩湿草甸、干草地、灌丛等河漫滩植被类型有机结合，形成生物多样性丰富、富有生机的"河漫滩生命综合体"（图3-8）。

图3-8　五源河河漫滩生命综合体示意图

三、河流与湿地协同——河流–湿地复合体建设

河流湿地类型多样，如河漫滩水塘、河漫滩沼泽、河漫滩洼地等，依赖于恒常的或周期性的被浅水淹没或水分饱和的底质表面，是陆地和水生生态

系统之间的过渡带，与主河道发生着水文和生态功能联系，由此构成"河流-湿地复合体"（river-wetland complexity）（Bornette et al.，1998）。河流-湿地复合体主要是由河流的洪泛作用形成的，主要水源是河滩水流。五源河的河岸湿地向下游延伸，与河口滨海边缘湿地连接在一起，构成完整的河流湿地系统。五源河河流湿地具有重要的生态服务功能，湿地的退化使得生态功能衰退、生物多样性降低。本书基于河流与湿地的协同共生，进行了河流-湿地复合体的设计与建设（图3-9）。

（一）废弃坑塘的再利用——河流-湿地复合体重建

在五源河下游左右岸，因过去挖沙采石，形成了若干废弃坑塘，景观品质低下，生境功能很差，利用滨海大道南侧河段西岸采沙遗留下的坑塘、沙堆等废弃迹地，重建湿地塘群（wetland pond group）及沙丘-林塘复合湿地系统（图3-10）。湿地塘群可以发挥对地表径流的净化作用，为水生昆虫、两栖类、鹭类等涉禽提供栖息生境。沙丘-林塘复合湿地系统是一个多功能复合生境结构，湿地塘可对地表径流进行净化，为水生昆虫、两栖类、鹭类等提供栖息场所，沙丘陡壁是蜂虎类小型鸟类的优良筑巢生境，环塘林带则是林鸟和猛禽的栖息场所。

（二）滨水区水敏性设计——小微湿地群建设

根据水敏性设计原理，基于城市雨洪管理和地表径流净化目标需求，在五源河中下游河道河流两岸建设系列小微湿地，包括雨水花园、雨水储留湿地、生物沟、生物塘（青蛙塘、蜻蜓塘）、生物洼地和树池洼地等（袁嘉等，2018；袁兴中等，2019）（图3-11）。小微湿地不仅增强了五源河滨水空间的生态缓冲带功能，发挥了城市雨洪控制、地表径流污染净化、改善微气候等功能，而且形态各异的小微湿地使得小微生境类型大大增加，为蜻蜓、青蛙等喜湿地环境的动物提供栖息场所，有利于提升城市河流滨水空间的生物多样性。

(a) 模式图

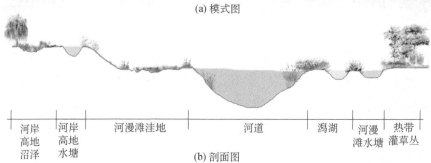

| 河岸
高地
沼泽 | 河岸
高地
水塘 | 河漫滩洼地 | 河道 | 潟湖 | 河漫
滩水塘 | 热带
灌草丛 |

(b) 剖面图

(c) 恢复后的效果

图 3-9　五源河河流−湿地复合体模式图、剖面图及恢复后的效果

(a) 修复前

(b) 修复后

图 3-10　修复前后的五源河下游左岸沙丘-林塘复合湿地系统

(a) 生物沟 　　　　　　　　　　　　　(b) 生物洼地

图 3-11　五源河滨水区恢复后的小微湿地

四、多功能生境恢复——生命景观河流重建

（一）多水文形态与多孔穴结构——为水生生物设计多功能生境

　　河流中的生境类型及生境异质性，是由河流水文形态、河流地貌结构、河流植物群落等多种因素综合作用的结果。水文形态的多样性和地貌类型的多样性决定着河流生境多样性，其中河流水文形态包括流量、流速、流态等

方面；而河流地貌既包括宏观和中观尺度上的地貌类型，也包括微观尺度上的小微地貌形态。五源河作为入海河流，南接羊山火山熔岩湿地区，北入琼州海峡，咸淡水交混，生物多样性本应非常丰富、独特。但由于长期的人为破坏，以及前期治理过程中的简单粗暴做法，河流生境多样性大大降低。本书基于为水生生物设计多功能生境的目标，需进行多水文形态、多孔穴结构设计与实践。

图 3-12 中的蛇桥就是在五源河下游修复重建的多水文形态及多孔穴结构。在五源河源头区域所在的海口羊山，龙华区龙塘镇新沟有 700 年历史的河上蛇桥，是用火山石建造，融涉河通行、水位调控、水生生物于一体的多水文形态、多孔穴结构。在五源河生态修复中，借鉴这些生态智慧，根据五源河河流水文状况、洪水情况、河床底质情况，以及多功能生境设计目标，建造了宽 1.0m、跨河长度 10.0m 的火山石蛇桥，加上两岸延伸部分，该火山石蛇桥总长度 25.0m。该蛇桥临右岸 1/3 处设计了有 2.0m 宽的过水通道。设计预期在火山石蛇桥上游形成静水和浅水环境，可以为水菜花（*Ottelia cordata*）、水蕨（*Ceratopteris thalictroides*）等植物提供生长环境；蛇桥的火山石形成的多孔穴结构，是鱼类、水生昆虫栖息的良好场所。

(a) 建成后的火山石蛇桥　　　　(b) 蛇桥上游生长的国家二级保护植物水菜花

图 3-12　恢复后的融涉河通行、水位调控、水生生物生境于一体的五源河蛇桥

（二）从水到陆的生境梯度重建——植物与鸟类的协同共生

鸟类是河流湿地生态系统的重要生物类群。在河流湿地生态系统中，植物不仅为鸟类提供栖息和庇护场所，而且为鸟类提供食物来源；一些鸟类通过其取食、繁殖活动，发挥了为河岸植物传播繁殖体的功能。河流湿地生态

系统中植物与鸟类长期协同进化（Daniel，2016），形成稳定的河流湿地生命系统。按照从水到陆的生境梯度，河流湿地生态系统中的鸟类可分为水鸟（包括深水区的游禽、浅水区的涉禽）、傍水性鸟类、河岸草地鸟和灌丛鸟、河岸林鸟。在五源河的恢复设计中，根据恢复前对五源河鸟类的本底调查，以及五源河所在海口市域鸟类调查及文献查阅，按照如下模式进行植物-鸟类复合生态系统设计（图 3-13、表 3-1）。

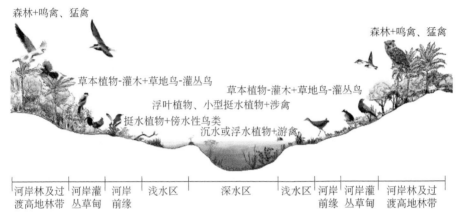

图 3-13　从水到陆的生境梯度重建——五源河植物-鸟类复合生态系统设计模式

表 3-1　五源河从水到陆沿生境梯度的植物-鸟类复合格局

生境梯度空间	植物-鸟类物种团模式	各种团主要植物	各种团主要动物
深水区	沉水或浮水植物+游禽	水菜花、水车前（Ottelia alismoides）、黄花水龙（Ludwigia peploides）	小鹛䴘（Podiceps ruficollis）、黑水鸡（Gallinula chloropus）、栗树鸭（Dendrocygna javanica）、小天鹅（Cygnus columbianus）等
浅水区	浮叶植物、小型挺水植物+涉禽	水菜花、水蕨、水车前（Ottelia alismoides）、节节草（Equisetum ramosissimum）等	白鹭、池鹭、白胸苦恶鸟、蓝胸秧鸡（Gallirallus striatus）、董鸡（Gallicrex cinerea）、蒙古沙鸻（Charadrius mongolus）、铁嘴沙鸻（Charadrius leschenaultii）等
河岸前缘	挺水植物+傍水性鸟类	红蓼（Polygonum orientale）、千屈菜（Lythrum salicaria）、圆叶节节菜（Rotala rotundifolia）、茳芏、水烛（Typha angustifolia）、水葱（Scirpus validus）、野荸荠（Heleocharis plantagineiformis）、鳢肠（Eclipta prostrata）、沼菊（Enydra fluctuans）、泥花草（Lindernia antipoda）、水蓑衣（Hygrophila salicifolia）、卤蕨（Acrostichum aureum）等	白鹡鸰（Motacilla alba）、黄鹡鸰（M. flava）、普通翠鸟（Alcedo atthis）、白胸翡翠（Halcyon smyrnensis）、蓝翡翠（H. pileata）、斑鱼狗（Ceryle rudis）、北红尾鸲（Phoenicurus auroreus）等

续表

生境梯度空间	植物-鸟类物种团模式	各种团主要植物	各种团主要动物
河岸灌丛草甸	草本植物-灌木+草地鸟-灌丛鸟	香附子（*Cyperus rotundus*）、狗牙根（*Cynodon dactylon*）、芒（*Miscanthus sinensis*）、竹叶草（*Oplismenus compositus*）、厚藤（*Ipomoea pescaprae*）、海芋（*Alocasia macrorrhiza*）、风箱树（*Cephalanthus naucleoides*）、月季花（*Rosa chinensis*）、三角梅（*Bougainvillea spectabilis*）、决明（*Cassia tora*）、云实（*Caesalpinia decapetala*）、马甲子（*Paliurus ramosissimus*）、醉鱼草（*Buddleja lindleyana*）、糯米团（*Gonostegia hirta*）、露兜树（*Pandanus tectorius*）	褐翅鸦鹃（*Centropus sinensis*）、小鸦鹃（*C. bengalensis*）、噪鹃（*Eudynamys scolopaceus*）、红尾伯劳（*Lanius cristatus*）、棕背伯劳（*L. schach*）、棕扇尾莺（*Cisticola juncidis*）、小云雀（*Alauda gulgula*）、白头鹎（*Pycnonotus sinensis*）、暗绿绣眼（*Zosterops japonicus*）、白腰文鸟（*Lonchura striata*）、麻雀（*Passer montanus*）、田鹨（*Anthus richardi*）
河岸林及过渡高地林带	森林+鸣禽、猛禽	海南蒲桃（*Syzygium hainanense*）、水黄皮（*Pongamia pinnata*）、木棉（*Bombax ceiba*）、黄槿（*Hibiscus tiliaceus*）、乌桕（*Sapium sebiferum*）、对叶榕（*Ficus hispida*）、苦楝（*Melia azedarach*）、鸡蛋花（*Plumeria rubra*）、海杧果（*Cerbera manghas*）、海南菜豆树（*Radermachera hainanensis*）、椰子（*Cocos nucifera*）	大山雀（*Parus major*）、红嘴蓝鹊（*Urocissa erythrorhyncha*）、黄腰柳莺（*Phylloscopus proregulus*）、暗绿绣眼鸟、乌鸫（*Turdus merula*）、珠颈斑鸠（*Spilopelia chinensis*）、黑翅鸢（*Elanus caeruleus*）、普通鵟（*Buteo buteo*）、领角鸮（*Otus bakkamoena*）、红原鸡（*Gallus gallu*）、中华鹧鸪（*Francolinus pintadeanus*）

除了按照从水到陆的生境梯度进行植物-鸟类协同共生设计外。在该梯度上的不同河段，还表现出差异。在河口段的恢复中，考虑滨海湿地鸟类的栖息和觅食，对原生的草海桐（*Scaevola sericea*）、厚藤（*Ipomoea pescaprae*）等沙生植物进行保育，形成带状的沙生植被，为鸟类提供庇护场所；保护河口及滨海区域的原生沙质海滩，满足滨海湿地鸟类对于底栖动物等的食物需求。在下游段以挖沙废弃坑及沙石堆进行的沙丘-林塘复合湿地恢复中，保留沙丘陡壁，满足栗喉蜂虎（*Merops philippinus*）和蓝喉蜂虎（*Merops viridis*）的栖息及繁殖筑巢需求。

（三）生物塔的居住指南——河岸昆虫栖居生境的设计

在五源河的河岸及滨水区，以废弃材料制作安装立体塔式生境结构——生物塔（图3-14）。通过在不同层次、不同小微单元立体种植多种小型抗逆性强的植物，同时将废弃木块、竹棍、砖头、瓦片等材料填充于立体空间内，形成复合的多孔隙生态结构（Cornelissen and Santos，2016），可为蜜蜂、熊蜂、甲虫等昆虫提供其喜爱的栖息地，甚至还会有蜥蜴等爬行动物栖居其中。蜜蜂、熊蜂常常是生态系统中的关键种，发挥传粉作用，可维持植物物种的多样性。因此，通过生物塔的多层、多结构、多孔隙小微生态空间结构，对维持和提升城市生物多样性具有重要作用，不仅让五源河呈现出河流生命景观的优美形态，而且使得河流生命景观功能及生态过程的有效维持得以实现。

图 3-14　五源河河岸及滨水空间的各种生物塔

第四节　河流湿地生态系统修复效果评估

一、修复前后河流生境质量及生境多样性对比

从河流生境类型多样性、河流生境异质性、河道生境质量、河岸生境质量、滨水空间生境质量、河流生境景观品质等方面，对五源河实施生态修复前后的河流生境变化进行评估。结果表明（表3-2），修复后的五源河河流生境类型多样性增加，呈现出河流生境较高的环境异质性，河道及河岸生境质量优化，滨水空间生境质量良好，河流生境景观品质变优。

表 3-2　五源河生态修复前后河流生境变化

河流生境评价指标	修复前	修复后
河流生境类型多样性	贫乏	多样
河流生境异质性	较低。河道顺直，河岸平直，硬质护岸及少量人工种植植物，无论是水平空间，还是垂直空间的异质性都较低	高。河道蜿蜒多变，河岸地形丰富，多层复合混交群落形成了水平和垂直空间的高环境异质性

续表

河流生境评价指标	修复前	修复后
河道生境质量	较差。河道渠化,水质污染较严重	较好。河道形态自然,结构完整,水质明显改善,生态功能优良
河岸生境质量	较差。河岸硬化,或石笼网砌岸导致河岸平直,河岸植物种类贫乏,鸟类贫乏	较好。硬化河岸全部软化和生态化,河岸植被覆盖度高、连续性好,河岸植物种类丰富,鸟类丰富
滨水空间生境质量	较差。大量被占用,脏、乱、差	较好。滨水生态空间得到有效控制和管理,滨水空间小微湿地及植被覆盖,大大提升了其生境质量
河流生境景观品质	较差。视觉观赏效果差,声景观质量低下	较好。景观层次分明,生态序列完整,视觉观赏效果好,声景观质量较好

通过河道三维生态空间重建、柔性生态河岸设计及多功能生境恢复,宏观尺度上,作为水源地和物种库的河流源头区生境质量得到良好保育,源头区永庄水库水质、库岸植被、库周林带、库湾灌丛及草本沼泽湿地保护良好,充分发挥了水源地和物种库的生态功能。对上游河段部分被硬化、渠化的河岸进行了生态化改造,上游河道及河岸自然恢复效果良好,水蕨、水菜花、普通野生稻(*Oryza rufipogon*)等珍稀保护植物在上游段得到良好恢复。以近自然河流设计理念指引的中游段修复,使宽阔河漫滩得以保留,河岸植被连续性得到恢复,沿河道纵向的浅滩-水潭交替生境格局呈现。重点恢复的下游河段及河口区,恢复前的顺直渠化河段已成为自然蜿蜒河段(图3-15)。

图 3-15 修复后自然蜿蜒的五源河

　　纵向维度的河道修复，使得五源河全河段呈现出自然蜿蜒的空间形态，使纵向生态连通得以保障。通过修复，实现了五源河中观尺度上浅滩-深潭交替的生境格局，浅滩、水潭、河漫滩及沙洲群、草洲等多种生境类型重新建立（图 3-16）。河漫滩及沙洲修复后，在洪水的自然作用下，逐渐稳定，自生植物繁茂生长，真正呈现出河漫滩生命综合体的景观形态及勃勃生机，河漫滩及沙洲成为弹涂鱼等鱼类栖息和觅食的场所（图 3-17）。在微观尺度上，河道及河岸坡脚抛石、火山石蛇桥的建设，形成了多孔穴生境空间；部分河岸倒木的放置也形成了多样化的微生境（图 3-18）。

　　不同空间尺度上河流生境类型多样性的提高，河流生境异质性的增加，河道及河岸生境质量的优化，以及滨水空间小微湿地生境的建立，为不同生活型的植物、不同栖息特性和不同食性类型的鸟类，以及鱼类和水生无脊椎动物等提供了生存环境和庇护场所，动植物种类及种群数量增加，从而使河流生物多样性得以提升，真正实现了河流生命的回归。

(a) 浅滩

(b) 水潭

(c) 河漫滩及沙洲群

(d) 河漫滩草洲

图 3-16　修复后生境类型多样的五源河

(a) 河漫滩及沙洲修复之中

(b) 修复后的河漫滩

(c) 修复后呈现出的河漫滩生命综合体景观形态

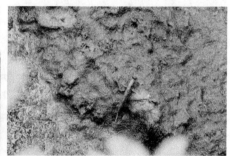

(d) 在修复后的五源河河漫滩上拍摄的弹涂鱼

图 3-17　修复后的河漫滩生命综合体

图 3-18　河道及河岸抛石形成的多样化河流微生境

　　修复后的五源河，河流生境景观品质优良。无论是从视觉景观角度，还是从声景观角度，都呈现出"生命景观河流"的良好景观特征（图 3-19）。修复后的五源河中下游段河岸，已经成为市民休闲游憩的良好场所，每天早晚行走在河岸步道，能够欣赏到色彩和风格各异的优美植物景观，来自高地森林中的各种鸟类的鸣叫是生命喧嚣的交响乐，其中国家二级保护野生动物红原鸡（*Gallus gallus*）的鸣叫格外动听。

图 3-19　修复后已呈现出勃勃生机的五源河生命景观河流

二、河流生物多样性恢复效果

河流生物多样性是河流生态系统最重要的要素，河流生物多样性高低与河流生态系统健康与否关系密切，也是河流生态修复的重要评价指标。2017年初开始实施的五源河生态修复工程，重点针对生物多样性提升目标，设计并实施了河道生态恢复、河岸生态修复、河流-湿地复合体建设、多功能河流生境恢复，修复前后进行了生物多样性的调查和比较。生态修复完成后至今，五源河生物多样性提升效果明显，动植物种类明显增加（表 3-3）。

表 3-3　修复前后五源河生物多样性比较

河流生物多样性指标	修复前（2016 年）	修复后（2021 年）
高等维管植物种类	427 种	448 种
鱼类	30 种	70 种
鸟类种类	82 种	115 种
珍稀濒危特有植物	国家二级保护植物 1 种：水蕨；海南省级保护植物 4 种：血封喉（Antiaris toxicaria）、卤蕨、桑寄生（Taxillus chinensis）、秋枫（Bischofia javanica）	国家二级保护植物 3 种：水蕨、水菜花、普通野生稻（Oryza rufipogon）；海南省级保护植物 4 种：血封喉、卤蕨、桑寄生、秋枫等

河流生物多样性指标	修复前（2016 年）	修复后（2021 年）
珍稀濒危特有动物	国家二级保护野生动物 10 种，分别为红原鸡、褐翅鸦鹃、小鸦鹃、凤头蜂鹰（*Pernis ptilorhynchus*）、黑翅鸢、褐耳鹰（*Accipiter badius*）、普通鵟、红隼（*Falco tinnunculus*）、游隼（*F. peregrinus*）、虎纹蛙（*Hoplobatrachus rugulosus*）	国家二级保护野生动物 17 种，分别为小天鹅、红原鸡、褐翅鸦鹃、小鸦鹃、凤头蜂鹰、黑翅鸢、褐耳鹰、普通鵟、红隼、游隼、鹗（*Pandion haliaetus*）、领角鸮、蓝喉蜂虎、栗喉蜂虎、虎纹蛙、花鳗鲡（*Anguilla marmorata*）、豹猫（*Prionailurus bengalensis*）

本章主要针对五源河的野生动植物进行分析评价。植物多样性的变化反映在植被类型的增加，包括水菜花、厚藤等植物的重现，表明群系类型比修复前有明显增加。河岸植被连续性增加。修复后高等维管植物种类增加了 21 种（表 3-3），主要是水生植物及河岸植物种类的增加。修复前，水蕨仅在上游源头区有零星分布；修复后，在五源河上、中、下游发现了五处水蕨分布点。调查表明，水蕨种群正向五源河河岸两侧的小微湿地及其周边空间扩繁。2019 年夏季，在修复后的五源河中游昌明村附近，发现多处国家二级保护野生植物——普通野生稻的种群分布点，其覆盖区域约为 600m²，是目前海口市内已知的较大野生稻种群，也是距离海口市中心最近的野生稻分布点。野生稻生长在五源河河漫滩高处，与李氏禾（*Leersia hexandra*）、野荸荠（*Heleocharis plantagineiformis*）等湿地植物共生。

采取以自然恢复为主、人工栽种为辅的解决方案，河岸的自生植物明显增长，厚藤等适生乡土植物自然萌发生长，不仅使得河岸植被的适应能力增强，而且更易与本地昆虫及鸟类等动物形成协同共生关系。随着恢复时间的延续，河岸自生植物种类将进一步增加，河岸植被结构也会更为复杂，植物群落的结构与功能的稳定性和多样性持续优化（图 3-20）。

五源河是典型的入海河流，由于修复前污染严重，河道结构被破坏，因此鱼类种类仅有 30 种。在五源河修复设计中，特别注意了河流连通性设计，在中观尺度上营建浅滩-水潭交替的生境格局，通过抛石形成多孔穴空间，为鱼类提供栖息和庇护场所，注重河漫滩生命综合体及沙洲群的营建。上述修复措施的实施，加上河流水质的改善，使得修复后的五源河鱼类多样性明显增加，2021 年海口畓榃湿地研究所调查表明，五源河有 70 种鱼类，其中咸

(a) 厚藤在五源河河岸自然生长　　　　　　(b) 形成复杂的河岸植被结构

图 3-20　厚藤等自生植物在修复后的五源河河岸自然生长，形成复杂的河岸植被结构

淡水及洄游性鱼类 41 种，淡水鱼类 39 种；在淡水鱼类中，土著鱼类就有 28 种，此外还发现花鳗鲡、日本鳗鲡（*Anguilla japonica*）、海南长臀鮠（*Cranoglanis multiradiatus*）。

　　修复后，鸟类种类增加最明显，比修复前增加了 33 种，珍稀濒危鸟类增加了 5 种。增加的鸟类中，湿地鸟类有 9 种，包括蒙古沙鸻（*Charadrius mongolus*）、铁嘴沙鸻（*Charadrius leschenaultii*）、董鸡（*Gallicrex cinerea*）、东方鸻（*Charadrius veredus*）、小杓鹬（*Numenius minutus*）、普通燕鸻（*Glareola maldivarum*）、灰翅浮鸥（*Chlidonias hybridus*）、绿鹭（*Butorides striata*）、草鹭（*Ardea purpurea*），这些鸟类基本为涉禽，说明五源河河道浅滩-深潭生境格局、河心沙洲、河流-湿地复合体的恢复重建，对涉禽的栖息产生了明显效果。林鸟种类增加也比较明显，增加的种类包括红耳鹎（*Pycnonotus jocosus*）、白喉红臀鹎（*Pycnonotus aurigaster*）、极北柳莺（*Phylloscopus borealis*）、三宝鸟（*Eurystomus orientalis*）、黑枕黄鹂（*Oriolus chinensis*）、红嘴蓝鹊（*Urocissa erythrorhyncha*）、喜鹊（*Pica pica*）、黑喉噪鹛（*Garrulax chinensis*）、纯色啄花鸟（*Dicaeum concolor*）、朱背啄花鸟（*D. cruentatum*）、八声杜鹃（*Cacomantis merulinus*）等，说明河岸灌丛草甸、河岸林及过渡高地林带的恢复重建已产生良好的效果。

　　在五源河下游河段的修复中，根据场地实际情况，作者提出将滨海大道南侧河段西岸采沙遗留下的坑塘、沙堆等废弃迹地重建成沙丘-林塘复合湿地系统。沙丘-林塘系统的重建，作为河岸及高地的小微湿地类型，不仅可以发挥重要的污染净化、景观美化的作用，而且也是鸟类的重要生境。修复之前五源河没有蜂虎类小型鸟类栖息，但根据资料查阅了解到蜂虎在海口市曾有分布记录。根据蜂虎喜在陡峭的沙质崖壁上筑巢繁殖的习性，修复设计时，提出将下游西岸采沙遗留下的沙堆进行改造，在部分沙堆上切削成陡峭的崖壁，为蜂虎提供筑巢生境。修复后的第二年（2018年）春季，蓝喉蜂虎和栗喉蜂虎重现五源河，在沙丘崖壁筑巢繁殖（图3-21），2018年种群数量为30多只，2021年增加到70多只。沙丘-林塘复合湿地系统除了满足一些鹭类等涉禽、两种蜂虎筑巢栖息外，环塘林带也成为林鸟和猛禽的栖息场所。鸟类种类的增加，与适合鸟类栖息的生境类型增加和生境质量改善有关，也与植物群落结构和功能的恢复优化有关。增加的5种珍稀濒危鸟类，加上两栖类、鱼类和兽类，修复后的五源河有17种国家二级保护野生动物，这在国内的城市河流中实属罕见。

(a) 修复前

(b) 修复后蜂虎已经筑巢的沙丘崖壁生境

(c) 利用沙丘陡崖筑巢的蓝喉蜂虎

(d) 栖息在沙丘附近树枝上的栗喉蜂虎

图 3-21　修复后的五源河下游左岸沙丘-林塘复合湿地系统的沙丘陡崖
成为蜂虎的良好栖息场所

河流水生生境的改善，自然洪水格局及潮汐动力的恢复，使得鱼类的生存环境更为优良。修复前五源河仅有鱼类 30 种，修复后的五源河鱼类达到 70 种，一些河海洄游性鱼类（如日本鳗鲡、花鳗鲡、子陵吻虾虎等）由于五源河纵向生态连通条件的改善，能够很好地栖息在中下游河段。修复后在五源河下游河段调查发现了国家二级保护野生动物——花鳗鲡，喜咸淡水交混环境的弹涂鱼在下游河段的滩涂上也常常发现。花鳗鲡、弹涂鱼的栖息说明水生生境改善、潮汐动力改善对生物多样性的提升具有促进作用。

从五源河河岸各种小微湿地、小微生境以及生物塔的定性调查中，可以发现蝴蝶、蜜蜂、熊蜂、甲虫、蜻蜓的种类及种群数量增加明显，在临近滨海大桥五源河左岸的生物塔中观察到栖息活动在木块、竹棍、砖头、瓦片等孔穴生境中的昆虫有数十种之多。夏季高温的白天能观察到长尾南蜥（*Mabuya longicaudata*）栖息在生物塔的瓦片缝隙中（图 3-22），长尾南蜥以多种昆虫为食，说明该区域昆虫种类丰富。

图 3-22　五源河畔的生物塔已经成为动物的栖息场所
右下图中可见在生物塔瓦块缝隙中栖息的长尾南蜥

2021 年通过红外线相机监测，在五源河的上游、中游和下游的河岸林中均发现国家二级保护动物——豹猫（*Prionailurus bengalensis*），甚至在滨海大桥河段西侧的沙丘-林塘系统中的河岸高地林中也发现了豹猫，这一发现具有非常重要的生态意义，说明修复后的五源河河岸生态走廊的连续性和完整性得以保障，河岸再野化过程使得河岸生态系统的基本生态过程受到人为干扰很小，五源河已初步构建起一个复杂的河流生命网络。

五源河河流生物多样性的提升，与不同空间尺度和环境梯度上的河流生境类型增加及质量改善有关，也与修复后植物、鸟类、鱼类、昆虫等各生物类群的协同共生关系的建立密切相关。说明河流生态的修复，不仅要注重形态、结构的重建，更要实现功能和过程的修复，并建立起河流生命系统的协同共生关系，真正实现河流生命的回归，以及河流生物多样性的维持。

三、生命景观河流整体效益评估

除了上述生境及生物多样性提升效益外，修复后，五源河生态系统健康水平得到整体提升，表现在河流生态系统结构完整（三维空间上的生态连续性，宏观、中观、微观尺度上的生境多样性），功能有效发挥（包括洪水调控、水源涵养、河岸土壤保持、污染净化、生物多样性保育等功能）和社会效益明显。由于五源河河岸植被连续性地修复，五源河已成为海口市南部的羊山火山熔岩湿地区域和琼州海峡海洋之间的重要生态走廊，这一生态走廊贯穿整个城市，成为生物的重要迁移廊道，也成为海口市山-河-城-海一体化发展的重要依托。由于保证了河岸植被的一定宽度及河岸植物群落结构的复杂性，豹猫等珍稀野生动物能够从羊山沿着五源河河岸林进行迁移。现在，五源河已经成为海口市重要的河流生态旅游休闲地，2019 年五源河通过了国家湿地公园验收。鉴于五源河生态修复所展示的成就及生态服务功能，海南省水利厅 2019 年发文向全省推广五源河的生态修复经验，将五源河作为河流修复生态水利工程的样板。

第五节　小　　结

　　五源河生态修复是基于生物多样性提升的河流湿地生态系统的整体恢复，最终实现让生命回归河流，建成热带滨海城市的生命景观河流。针对五源河生物多样性提升的设计和实践，主要包括四个方面：①河道生态恢复——三维生态空间重建；②河岸生态修复——柔性生态河岸设计；③河流与湿地协同——河流-湿地复合体建设；④多功能生境恢复——生命景观河流重建。在宏观、中观和微观尺度上，通过对河流及其生境的形态、结构进行恢复设计和实践，旨在恢复提升河流生物多样性。五年来，通过一系列生态修复工程的实施，五源河的自我设计和自我修复能力得到提升，自然做功的能力较好地发挥，河流形态自然，动植物种类数及种群数量增加，生物多样性得到明显提升。恢复后的五源河，有 3 种国家二级保护野生植物、4 种海南省级保护植物、17 种国家二级保护野生动物，五源河已成为名符其实的生命景观河流。

　　基于生物多样性提升的河流湿地恢复设计和实践，是作者及其团队所进行的一系列生态功能设计和生态过程设计的创新尝试，强调河流生境的多功能，运用纵向和侧向的自然洪水过程、洪水脉冲过程、来自海洋的潮汐动力过程进行五源河生态系统功能和过程的修复。五源河生态修复的设计和实践告诉我们，基于生物多样性提升的河流湿地修复，是河流生态系统服务功能优化的重要保障。生物多样性丰富的河流，才是真正的生命景观河流。五源河生态修复的实践表明，与硬质化河道治理相比，基于生物多样性提升目标的河流生态修复，更有利于河流生态系统整体保护及河流景观品质的优化提升。因此，在城市河流湿地修复过程中，在满足防洪功能需求及用地空间允许的情况下，应尽可能采用五源河这种生态修复模式。海口市五源河城市河流湿地的修复实践，为我国城市河流湿地修复树立了一个样板，这是一个为生物多样性设计的城市生命景观河流，是河流近自然修复与城市人居环境优化协同共生的典范。

在五源河生态修复二期工程的设计和实践中，吸取了一期修复的经验和教训，尤其是在河岸植物种类选择和种植方式上进行了优化。在河流纵向生境恢复中，在中游河段将热带滨海区河流特殊的"河肚"生境结构进行了恢复重建。目前，修复后的五源河在减少人为干扰的情况下，正在经历一个再野化过程，局部河段已成为城市内的荒野生境。我国的河流修复，尚处于由消黑除臭的治污向生态系统修复转变的过程，对于河流生物多样性提升及河流生态系统服务功能的全面优化，急需科学指导及技术支撑。我们还需要进一步研究了解河流生物多样性的形成和维持机制，研究在不同空间尺度上，如何通过多功能生境的设计和重建，来有效提升河流生物多样性。

第四章 适应性设计——重庆汉丰湖消落带湿地生态系统修复

由于防洪、清淤及航运等需求，三峡工程实行"蓄清排浑"的运行方式，即夏季低水位运行（145m），冬季高水位运行（175m）。因而，在145～175m高程的库区两岸形成与天然河流涨落季节相反、涨落幅度高达30m的水库消落带（刁承泰，1999）。三峡水库消落带面积达348.9km²，是我国面积最大的水库消落带，涉及三峡水库干、支流岸线6000km。由于每年水位季节性大幅度消涨，夏季出露，冬季深水淹没，使消落带生态环境、景观质量发生巨大变化，导致一系列生态环境问题的产生（Yuan et al.，2013）。这一变化不仅是巨大的物理变化，而且在生物群落结构、生态系统结构及功能等方面，也发生了沧桑巨变。

自2010年三峡水库完成175m试验性蓄水后，形成了水位落差达30m的消落带。三峡库区消落带生态系统面临着复杂水文变动对植物生存的考验，亟须构建适应季节性水位变化以及冬季深水淹没等严苛条件的耐淹植物筛选技术、植被构建技术和生态恢复技术。目前，国内外对水库消落带的研究实例还较少。国外对水库消落带的研究主要集中在水位变动对大型水生植被结构和组成的影响（Camino et al.，1999），以及湖泊水位变动对消落带种群动态的影响（NaselliFlores and Barone，1997）等。国内对三峡水库消落带的研究主要集中在近十年对三峡水库消落带的土地利用、岸坡稳定、土壤污染、耐淹植物的生理生态特性等方面（李殿球等，1999；涂建军等，2002；张建军等，2012；王强等，2011）。国际上高度关注三峡水利枢纽工程，生态环境问题是最引人瞩目的方面，其重点和关键又是消落带生态环境问题，事关百万移民安稳和库区经济社会可持续发展。然而，这一区域的复杂问题远非单纯科技手段所能够解决。三峡库区一直就是人地关系紧张的区域，失去耕作熟土（现在的消落带区域）的就地后靠移民在每年水位消退季节，盲目地在消落带这一极其脆弱的区域进行粗放式耕种，导致水土流失，使用农药、化肥、杀虫剂产生面源污染，这一切都是对三峡水库水质的极大威胁。在消落带区域，科学与社会的冲突异常剧烈。那么，消落带生态修复应如何整合社会系统的需求？通过生态系统设计如何回应社会需求？面对前所未有的复杂问题，唯有科学引导，寻求人与自然、科学与社会的协同共生，才是解决消落带复杂问题的最佳选择。

长江生态大保护战略的提出，为长江经济带绿色发展指明了方向；三峡库区生态环境是长江生态大保护的关键，消落带恢复治理是重中之重。三峡水库消落带面临着季节性、30m落差的大幅度水位变动和冬季深水淹的严酷环境胁迫，如何重建消落带这一新的河岸系统的协同共生关系，是亟待解决的关键科学问题及工程技术问题。作者所在的团队选择位于三峡库区腹心区域的重庆开州区汉丰湖消落带，将汉丰湖消落带作为一个整体生态系统，进行了适应季节性水位变化的消落带湿地生态修复设计。通过持续10多年的生态修复实践，重建相对稳定的消落带湿地生态系统。本章在论述适应水位变化的消落带湿地生态系统设计技术的基础上，综合评估了自汉丰湖消落带湿地生态系统设计营建以来的成果，以期为具有季节性水位变化的湖库消落带生态修复提供科学参考。

第一节　研究区域概况

一、研究区域环境概况

在三峡库区，重庆开州区消落带面积巨大，类型众多，生态环境问题复杂；而且，开州区移民新城人口密度大，消落带环境与人居环境相互影响。对开州区而言，消落带犹如一把双刃剑，既需要化害为利、最大程度地消减消落带的不利影响，又需要积极挖掘潜力、充分利用消落带蕴藏的生态机遇。基于此，开州区进行了大胆尝试，在开州新城下游 4.5km 处的丰乐街道乌杨村，修建水位调节坝进行水位调控，由此形成了独具特色的"城市内湖"——汉丰湖。

汉丰湖位于开州城区内南河与东河（澎溪河上游）交汇处，乌杨水位调节坝之上（图 4-1）。汉丰湖地处三峡库区腹心区域的澎溪河中游，是南河在开州城区汇入澎溪河之处。澎溪河发源于重庆开州区北部大巴山南坡的雪宝山，是三峡水库长江干流左岸的一级支流，受三峡水库蓄水影响。

图例 　 澎溪河消落带研究区域

图 4-1　汉丰湖地理位置

研究区域属浅丘河谷区，为丘陵低山地貌，由于受地质构造和岩性的控制，呈狭长条形山脉与丘陵相间的"平行岭谷"地貌。研究区域属亚热带湿润季风气候，多年平均气温 18.5℃，多年平均最高气温 23.1℃，多年平均最低气温 14.9℃。月平均最低气温 7℃，为 1 月；月平均最高气温 29.4℃，为 7 月。多年平均降水量 1385mm。汉丰湖所属的澎溪河多年平均流量 102.81m³/s，干流在开州城区以上称为东河，主要支流有南河、普里河、白夹溪。三峡水库蓄水后，每年汛后 10 月，澎溪河水位逐步升高至 175m，高水位维持到 1 月初；其后随着三峡水库的缓慢放水，水位逐步下降，至 5 月末降至枯水期最低水位 145m。

汉丰湖为典型的城市内湖，正常蓄水位时（175m 水位）总面积 14.48km²，西起乌杨岛水位调节坝，东至南河大邱坝；南以新城防护堤高程 180m 为界，北到老县城所在的汉丰坝；涉及汉丰街道、丰乐街道、镇东街道、白鹤街道、后坝镇、镇安镇等 6 个街道和镇。

二、水位变化情况

在三峡库区一级支流中，澎溪河消落带面积最大，从重庆云阳县澎溪河口，到重庆开州区澎溪河支流南河的平安溪，形成周长 385.46km、面积 55.47km² 的消落带。开州区消落带面积大，类型多，生态环境问题复杂；此外，开州城区人口密度大，消落带与人居环境交互影响。为最大限度消除消落带的不利影响，充分利用消落带潜在的生态机遇，并通过生态系统设计有效应对水位变化，开州区政府决定在城区下游 4.5km 处修建水位调节坝，将水位消涨幅度由 30m 降至 4.72m，形成独具特色的"城市内湖"——汉丰湖（袁嘉等，2018），并形成典型的双重水位变化。这是一个典型的动态水位变化，冬季，当三峡水库坝前水位达到 175m 时，汉丰湖水位调节坝的坝上（汉丰湖）、坝下（澎溪河）水位都是 175m；夏季，当三峡水库坝前水位下降到 145m 时，因水位调节坝的调控，坝上（汉丰湖）水位维持在 170.28m，而坝下（澎溪河）水位下降到 145m。乌杨水位调节坝于 2012 年建成，但直到 2017 年水位调节坝才下闸蓄水。2017 年之前，每年夏季最低水位为 145m，汉丰湖岸带为典型的河流性质的河岸带；2017 年夏季水位调节坝下闸蓄水后，每年夏季维持 170.28m 水位，冬季水位为 175m，河/库岸性质较典型。

三、汉丰湖面临的问题

汉丰湖是三峡水库蓄水后形成的库中库，水文变化特征受上游和三峡水库的双重影响（图 4-2）。汉丰湖面临的主要问题包括：①由于受三峡水库蓄水及"蓄清排浑"运行方式的影响，每年水位季节性大幅变化，冬季深水淹没、夏季高温季节出露，使得原有河岸的动植物因不适应生存条件的改变而消失或濒危，生活在原有河岸的物种难以适应汉丰湖消落带新的环境；②位于汉丰湖湖滨的开州城区有 35 万人口，建成区面积约 40km^2，是一个典型的水敏性城市，来自陆域集水区的地表径流携带面源污染物，经消落带这一水陆界面入湖，使水环境安全受到威胁；③土地利用格局的改变使得水敏性区域的水环境胁迫难以预测和治理；④长期季节性的水位变化对库岸稳定性产生不利影响。

图 4-2 2009 年 11 月三峡水库高水位蓄水后的汉丰湖消落带

第二节 修 复 目 标

针对汉丰湖面临的一系列生态环境问题，以及开州城市人居环境质量提升要求，当地紧紧围绕生态系统服务功能全面优化目标（Mitsch et al.，2008），本着对自然和人类都有益的设计理念，基于自然的解决方案，应对水位变化和不断变化的环境，进行汉丰湖消落带湿地生态系统整体设计和生态实践。汉丰湖消落带湿地生态系统修复的设计目标是：整合社会系统对人居环境质量改善优化的需求，有效发挥消落带作为水陆动态界面的污染净化、库岸稳定、生物多样性保育、景观美化等功能，全面优化和提升消落带生态系统服务功能，满足自然和人的功能需求，达到消落带生态系统修复与景观优化协同的目的。自 2010 年起，作者及其所在团队对汉丰湖消落带生态系统结构、功能和过程开展整体设计，重点针对汉丰湖消落带及滨水空间的主导生态服务功能优化，以及河-库交替、水位变化影响下的水文过程、泥沙过程、理化过程、生物过程等生态过程修复，展开生态实践。整体设计和生态修复实践强调基于自然的解决方案，以消落带生态系统的自我设计为主，人工调控为辅。

第三节　汉丰湖消落带湿地生态系统修复设计与实践

一、修复技术框架

基于自然的解决方案，针对消落带湿地生态系统要素、结构，充分考虑消落带湿地的主导生态服务功能，结合消落带湿地的生态过程，提出了三峡水库消落带湿地生态系统修复技术框架（图 4-3）。

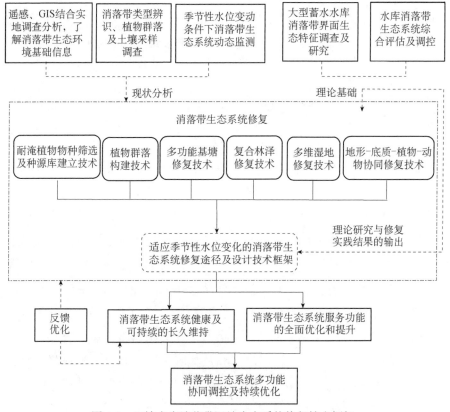

图 4-3　三峡水库消落带湿地生态系统修复技术框架

GIS：地理信息系统，geographic information system

基于三峡水库消落带的水位变化及汉丰湖水文、地貌等自然条件，强调自然的自我设计功能，遵循"自然是母，时间为父"的原则。针对30m落差的水位变化，无论是植物种类选择、群落结构配置，还是生态系统修复技术，都必须适应大幅度季节性水位变化。强调韧性设计，采用韧性材料，实施韧性施工技术，构建消落带韧性生态结构，提高消落带生态系统对冬季深水淹没的韧性应对能力及快速自我恢复能力。充分考虑消落带作为水陆界面的主导生态功能，如稳定水岸、拦截净化地表径流、提升生物多样性等，在强调主导生态服务功能优先的前提下，进行多功能耦合设计。

二、修复技术与实践

（一）以汉丰湖为核心的"山水林田湖草城"生命共同体整体设计

汉丰湖是具有季节性水位变化的典型城市内湖，开州城市与汉丰湖水乳交融，水是城市发展的重要影响因子，城市因水而生，也可能因水而衰。将汉丰湖的保护、景观优化与城市建设整合起来，建设一个富有特色的湿地之城，这也是开州区城市生态文明建设的需求。因此，汉丰湖消落带的生态修复及景观优化，不能单纯从消落带本身孤立考虑，而应将湖周山地第一层山脊、面山汇水区域、城市、滨水空间、消落带、湖泊水体作为整体生态系统的有机组成要素，进行"山水林田湖草城"生命共同体设计（图4-4、图4-5）。

图4-4 汉丰湖"山水林田湖草城"生命共同体

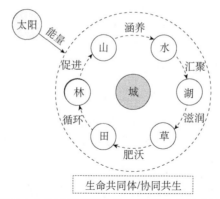

图 4-5　汉丰湖"山水林田湖草城"生命共同体各要素间的关系示意图

　　汉丰湖"山水林田湖草城"生命共同体设计中，"山"是指汉丰湖周的"四山"，即南岸的南山及北岸的大慈山、盛山和迎仙山。汉丰湖"四山"是生命共同体的生态源（物种源、水源、营养物质源）；水是汉丰湖生态系统设计的核心，由汉丰湖上游源头东河、源自"四山"的溪河与汉丰湖一起构成向心状水系网络；林、草是生态系统中的生产者，湖周面山汇水区域的林、草既是生物多样性的摇篮，也是山与水、水与城之间有机联系的生态走廊；沿湖周山地等高线分布的梯田及农耕地，发挥着拦截水土、稳定坡面的作用；城则是一个有着深厚历史文化积淀的移民城市，城市中人的健康生存与山、水、林、田、湖、草各要素密切相关，协同共生。在这个整体生态系统设计中，最关键的要素是作为水陆界面的消落带及滨水空间。消落带及滨水空间是汉丰湖的水陆交错界面，将山、水、林、田、草、城与湖有机衔接，是这个生命共同体的动态界面。

　　自 2010 年开始，综合考虑湖周山、水、林、田、草各生态要素，考虑城市人居环境质量优化，考虑开州这个移民城市居民的生活质量及休闲游憩需求，在此基础上，对消落带和滨水空间这一动态界面进行设计和生态修复实践。修复后的汉丰湖湖岸、湖湾、入湖支流河口消落带，构成整体的环湖生态和景观界面，在适应水位变化、维持岸坡稳定的同时，生物多样性得到明显提升，湖岸、湖湾、入湖支流河口消落带成为以汉丰湖为核心的"山水林田湖草城"生命共同体的有机组成部分（图 4-6）。

(a) 夏季低水位时期　　　　　　　　(b) 冬季高水位时期

图 4-6　修复后以汉丰湖为核心的"山水林田湖草城"生命共同体

（二）植物物种筛选及种源库建立

筛选适应于季节性水位变动、耐冬季深水淹没的消落带适生植物是基础工作的重要环节。在对三峡库区河岸、库岸植被及植物资源进行广泛调查的基础上，结合对国内外水库消落带植物的广泛考察及研究，综合植物的耐水淹没能力、环境净化功能、景观美化功能等指标，开展了适生植物资源的耐淹实验及种源栽种试验，在三峡库区重庆开州区澎溪河白夹溪、大浪坝等消落带区域建立了种苗筛选及繁育驯化基地，进行了原位试种、室内模拟试验及其系列定量指标测试，包括对水位变化、冬季长时间没顶淹没的模拟试验，以及对低温、黑暗逆境的环境适应性、生理生态分析等（Wang et al.，2012，2014；Li et al.，2016；李波，2015）。自 2008 年以来筛选出了一批既耐冬季水淹又耐夏季干旱的消落带适生植物物种（其中消落带适生草本植物30 种，耐水淹灌木 10 多种，耐水淹乔木 10 多种），构建了三峡库区消落带适生植物资源库。所构建的消落带适生植物资源库是目前国内消落带适生植物种类最全、生活型最全、植物功能多样的植物资源库，乌桕（*Sapium sebiferum*）、池杉（*Taxodium ascendens*）、落羽杉（*Taxodium distichum*）、水松（*Glyptostrobus pensilis*）、竹柳（*Salix takeyanagi*）、加拿大杨（*Populus canadensis*）、秋华柳（*Salix variegata*）、荷花（*Nelumbo nucifera*）、水生美人蕉（*Canna glauca*）等植物属国际上首次运用于水库消落带（图4-7），突破了水库消落带适生植物资源匮乏的瓶颈。所选植物兼具岸坡稳固、环境净化和景观美化等功能，迄今这些植物经历了 10 多年高水位蓄水淹没考验，存活状况良好。适应水位变动和应对冬季深水淹没的植物筛选技术和资源库的构建，在三峡水库消落带生态修复，以及国内同类型水库消落带的生态修复治理中具有重要意义。

(a) 池杉　　　　　　　　　　　　　(b) 落羽杉

(c) 秋华柳　　　　　　　　　　　　(d) 乌桕

图 4-7　三峡水库消落带耐水淹适生植物

（三）近自然植物群落构建技术

针对蓄水后库区城镇消落带植物群落类型及结构单一、功能低效的瓶颈，研发了消落带近自然植物群落配置模式及构建技术，创建了以下模式：①多带-多层-多结构-多种类复合混交群落配置模式；②复合林泽群落模式；③林网-基塘群落模式（图 4-8）。汉丰湖消落带近自然植物群落自建立以来，经历了 10 多年水淹考验，其空间配置模式及群落物种组成，显示出对大幅度水位变动和冬季深水淹没等严苛条件的良好适应；消落带近自然植物群落在库岸稳定、水土保持、景观美化及面源污染防控等方面起到关键作用。

(a) 多带-多层-多结构-多种类复合群落模式的夏季季相　　(b) 复合林泽群落模式的冬季季相

(c) 林网-基塘群落模式的冬季季相　　　　(d) 林网-基塘群落模式的夏季季相

图 4-8　三峡水库消落带近自然植物群落构建模式

（四）多功能基塘修复技术

　　三峡水库坡度小于 15°的缓平消落带（如湖北省秭归县的香溪河，重庆开州区澎溪河、忠县东溪河、丰都县丰稳坝等）总面积达 204.59km²，占消落带总面积的 66.79%（袁兴中等，2011）。针对水位变化特点及底质状况，借鉴珠江三角洲"桑基鱼塘"的生态智慧，在汉丰湖石龙船大桥两岸、头道河口等区域的岸坡坡面上结合原有地形，设计并开挖基塘，基塘大小、形状由坡面具体地形决定（Li et al.，2013），塘的大小从十多平方米到数十平方米不等，塘基宽度平均为 50～80cm，塘的深浅为 80～200cm。塘内筛选种植适应季节性水位变动、耐深水淹没，且具有环境净化、景观美化等功能的湿地植物，主要植物种类包括太空飞天荷花（为消落带定向培育）、水生美人蕉（*Canna glauca*）、鸢尾（*Iris tectorum*）、慈姑（*Sagittaria trifolia*）、荸荠（*Eleocharis dulcis*）等。上述湿地植物既能够在生长季为公众提供优良的景观观赏效果，也具有良好的经济价值；在其生长季结束至三峡水库开始蓄水前进行收割，既能够收获生态产品（如可食用的慈姑与荸荠等），又避免了冬季淹没在水下厌氧分解的碳排放及二次污染。

景观基塘系统从汉丰湖石龙船大桥南岸至芙蓉坝、石龙船大桥北岸至头道河口段、南岸芙蓉坝等均有分布，形成汉丰湖水陆界面的一道生态屏障（图4-9）。景观基塘系统的设计营建，不仅为消落带这一库区水陆交错界面提供了多样化的生态服务功能，而且大幅提升了消落带出露期的景观观赏效果，为开州市民提供了一处生态、优美、共享的休闲游憩场所。

(a) 汉丰湖北岸头道河口夏季低水位期的景观基塘　　(b) 汉丰湖北岸头道河口冬季高水位淹没

(c) 汉丰湖南岸石龙船大桥段夏季低水位期的景观基塘　(d) 汉丰湖南岸石龙船大桥段冬季高水位淹没

图4-9　汉丰湖消落带景观基塘

（五）复合林泽修复技术

调查表明，无论是淡水沼泽林，还是很多河流的河岸林，不少木本植物都能耐受一定程度的水淹。根据前期在三峡库区调查的结果，重点在海拔165～175m的消落带，栽种耐水淹的乔木和灌木，形成冬水夏陆逆境下的林木群落——消落带林泽系统。主要耐淹木本植物包括池杉、落羽杉、乌桕、杨树等乔木，以及秋华柳、小梾木（*Swida paucinervis*）、中华蚊母（*Distylium chinense*）等灌木。复合林泽的模式包括耐水淹乔木混交模式（耐水淹针叶树与阔叶树混交）、耐水淹乔木+灌木模式、耐水淹乔木+灌木+草本植物模式、"林泽+基塘"复合系统、多带多功能缓冲系统等（图4-10）。自2011年开始，在汉丰湖东河河口、乌杨坝、芙蓉坝、头道河河口等区域，实施了林泽工程。同时，在汉丰湖头道河河口、芙蓉坝等区域，将基塘与林泽有机结合，在塘基上种植耐水淹乔木和灌木，形成"林泽+基塘"复合系统。

(a) 2017年消落带林泽夏季出露期

(b) 2015年消落带林泽冬季淹没期

(c) 2018年消落带林泽冬季淹没期

(d) 2019年冬季消落带林泽淹没水中

图4-10　三峡水库汉丰湖消落带复合林泽

（六）多维湿地修复技术

针对汉丰湖消落带的水位变化特征及其对应的高程梯度，设计了由"林泽+基塘"复合系统（145～175m）、环湖/库小微湿地群（175～180m）、野花草甸（180～185m）组成的多维湿地系统，并重点选择汉丰湖芙蓉坝的消落带区域实施了多维湿地修复。芙蓉坝的多维湿地于2011年设计并实施，在汉丰湖南岸芙蓉坝海拔160～175m的消落带，构建多功能基塘系统，塘基上栽种耐水淹木本植物，包括中山杉、池杉、落羽杉等耐水淹乔木。2015年在175～178m高程上设计并营建环湖小微湿地群，由此形成了"环湖小微湿地+林泽-基塘复合系统"，沿海拔自上而下，从消落带以上的滨水空间，至消落带下部，形成一个多功能的多维湿地生态系统（图4-11；袁嘉等，2018）。

图4-11　三峡水库汉丰湖消落带多维湿地

（七）湖岸多带多功能缓冲系统建设

在汉丰湖北岸乌杨坝一带，在消落带及滨水空间设计多带多功能缓冲系统。三峡水库蓄水前，澎溪河乌杨坝段河岸宽缓，河漫滩较发育，底质以细沙和卵石为主，但因长期无序挖沙采石，河岸带原生地貌、基底结构及植被遭受严重破坏（扈玉兴等，2021）。受三峡水库蓄水影响，原145m以下的河岸带被淹没，因水位波动形成新的河岸带，由于周期性水位涨落影响，植物种类单一、群落结构简单；因城市建设及防洪护岸需要，海拔175～185m被完全硬化，形成生硬陡峭的护坡（图4-12）。

乌杨坝河/库岸带海拔175m是一个坡度转折点：175m以下是季节性水位波动区，该区域地形缓平，但由于长期挖沙采石造成大量采掘坑和砂石堆；175～185m之间是坡度约40°的护坡，对乌杨坝消落带及滨水界面的结构稳定及面源污染净化具有积极作用。在维持乌杨坝原有蜿蜒岸线的基础上，将高

图 4-12　三峡水库蓄水前澎溪河乌杨坝河岸状况

程、宽度与消落带及滨水空间的微地貌变化相结合，进行复合地形格局设计。海拔 145～165m 保留原微地貌形态和采掘坑，形成高水位时期水下丰富的地形结构，且不进行植物种植，以自然恢复的草本植物为主。海拔 173m 有一因人工挖掘破坏形成的较陡边坡，因边坡稳定及为扩展缓平岸带宽度需求，海拔 165～173m 设计坡率 1:3 的缓平岸带，同时保持消落带岸坡表面的微地形起伏。海拔 173～175m 区域，根据季节性水位变化，结合水生无脊椎动物、鱼类、水鸟觅食和产卵生境需求，设计宽 5m 的线性凹道，以及洼地、浅塘等水文地貌结构，形成丰富的消落带界面。与高程相结合的水文地貌结构形成消落带复合地形格局，适应不同水位时期的环境变化。三峡水库蓄水期，乌杨坝海拔 173～175m 区域的线性凹道、洼地、浅塘等水文地貌结构淹没在水下成为鱼类和水生无脊椎动物越冬、栖息的良好场所，并为该区域的越冬水鸟提供食物。在水位消落期，线性凹道、洼地、浅塘等结构出露，成为小微湿地镶嵌分布在消落带植被带中，为涉禽、小型鱼类和水生无脊椎动物提供庇护和栖息场所。海拔 175～185m 区域，通过破除硬质化护坡，设计护坡上起伏的微地貌结构，铺设种植土，以乔-灌-草相结合的多层群落结构，共同形成护坡界面复合地形格局（图 4-13）。

在乌杨坝海拔 170m 以下以消落带自然恢复为主；海拔 170～175m 的消落带设计林泽带（以耐水淹的乔木、灌木为主），种植池杉、落羽杉、乌桕、杨树等乔木和秋华柳、中华蚊母等灌木，形成复合林泽带，林下以自然恢复的耐水淹狗牙根（*Cynodon dactylon*）、牛筋草（*Eleusine indica*）、合萌（*Aeschynomene indica*）等草本植物为主；消落带以上海拔 175～176m 临近高

71

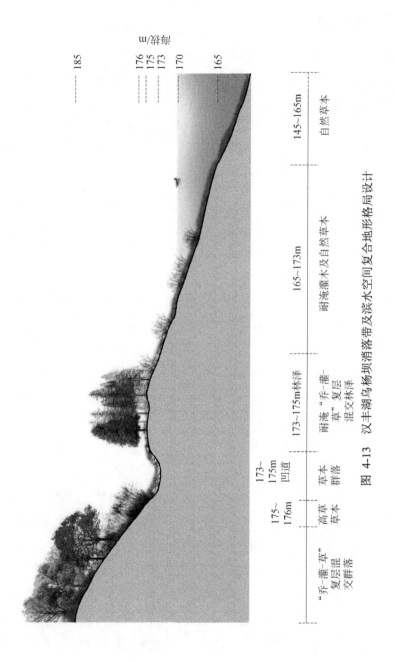

图 4-13 汉丰湖乌杨坝消落带及滨水空间复合地形格局设计

水位的水际线，设计高草草本植物带，前期稀疏种植耐水淹的高大草本植物五节芒（*Miscanthus floridulus*），后期以其自然恢复为主；海拔 176～180m，设计复合混交植被带，以杨树、柳树（*Salix matsudana*）等本地乔木为主，形成乔-灌-草复层混交群落，在种植时专门保留一定的空白空间，为利用土壤种子库自然萌发等自然恢复提供空间，以利于本地植物的自然恢复。

至此，在乌杨坝消落带中，形成了"消落带自然恢复草本植被带（170m以下）+消落带复合林泽带（170～175m）+临水高草草本带（175～176m）+复合混交植被带（176～180m）"的多带多功能缓冲系统。在设计中除了考虑固岸护岸、景观优化、环境净化等功能外，还将鸟类、鱼类和昆虫等野生动物生境设计考虑其中。汉丰湖北岸乌杨坝海拔 175m 是一个坡度转折点，175m 以下是连续缓平消落区，175～180m 区域是坡度为 40° 的护坡。在170～175m 消落带设计中，其前缘以抛石形成多孔隙水岸，有利于鱼类及水生无脊椎动物栖息；在 172～175m 以土石材料进行了地形塑造，在护坡前缘的 175m 区带形成了宽度为 5m 的凹道，凹道两侧均以抛石结构稳固，由此形成高水位期鱼类的良好越冬栖息场所，低水位出露季节成为鹭类、鸻鹬类等涉禽栖息的良好场所；176～180m 复合混交植被带，由于植物多样性丰富，且以本地乡土植物为主，层次结构复杂，因此成为各种昆虫、林鸟、猛禽栖息的良好生境。自 2013 年在汉丰湖北岸乌杨坝消落带设计并实施多带多功能缓冲系统以来，该区域的消落带生态系统结构稳定，其生态效益及社会效益明显，既能有效拦截净化面源污染，又成为生物多样性保育的高价值空间，也为开州城区居民提供了一条兼具景观、游憩、休闲与观鸟的共享滨湖绿带（图 4-14）。

（八）生态湖湾设计

选择汉丰湖南岸芙蓉坝湖湾，在海拔 160～180m 区域，基于污染净化、生物多样性保育、景观美化等多功能需求，从整体生态系统规划角度，设计和建设"环湖小微湿地+林泽-基塘复合湿地系统"（图 4-15），这是一个具有圈层状结构的多功能湿地，即芙蓉坝环湖多维湿地生态系统（NaselliFlores and Barone，1997）。自 2011 年以来，持续不断地进行着这一复合多维湿地系统的设计和营建。

(a) 夏季低水位期

(b) 冬季高水位期

图4-14　汉丰湖北岸乌杨坝段消落带多带多功能缓冲系统

(a) 2015年冬季淹没期　　　　　　　　　(b) 2015夏季出露期

(c) 2017年4月　　　　　　　　　(d) 2018年6月

图4-15　汉丰湖南岸芙蓉坝环湖小微湿地+林泽-基塘复合湿地系统

2011 年设计并实施消落带林泽-基塘复合系统，在海拔 160～175m 消落区，构建多功能基塘系统，塘底进行微地形设计，以增加生境异质性。在塘与塘之间设置潜流式水流通道，以保证基塘系统内部各塘之间及塘与湖间的水文连通性。塘基上栽种耐水淹木本植物，包括中山杉、池杉、落羽杉等耐水淹乔木，此外在基塘系统上部 175～177m 高程环带状种植中山杉和落羽杉，形成网状林泽。2015 年在海拔 175～178m 设计并营建环湖小微湿地群。"环湖小微湿地+林泽-基塘复合系统"在设计和建设过程中，为自然留足了空间，让自然的自我设计功能得以充分发挥。芙蓉坝"环湖小微湿地+林泽-基塘复合系统"自上而下，从消落带以上的滨水空间，至消落带下部，形成一个多功能的湖湾多维湿地生态系统。

（九）入湖支流河口生态设计

汉丰湖入湖支流河口是连接湖周山地汇水区域的重要生态节点。从湖周山地汇水区域汇流而来的径流，通过入湖河口段进入汉丰湖，直接影响着汉丰湖的水质。同时支流河口段既是鱼类生存繁殖的重要水域，也是水鸟集中的区域。从"山水林田湖草城"生命共同体整体生态系统设计角度，对汉丰湖所有入湖支流河口都进行以河口湿地为主的生态系统设计。自 2011 年以来，对汉丰湖北岸较大的支流头道河入湖河口，进行了以"多塘湿地系统+消落带护岸植被+河口景观基塘"为主的生态系统设计和营建（图 4-16）。

在海拔 175m 以上的头道河口上游段（头道河大桥下），根据地形和用地条件，设计并实施了多塘湿地系统，在发挥地表径流净化、提供生物生境等生态服务功能的同时，也具有景观美化、科普教育、休闲观赏等功能。在 173～175m 消落带，设计并实施了消落带护岸植被，种植以秋华柳为主的耐水淹灌木与水生美人蕉、鸢尾及自然恢复生长的草本植物混交的植被带。从多塘湿地区至河口，在海拔 172～173m 消落带，设计并实施了河口景观基塘。

(a) 2008年头道河口实施生态修复前　　　　(b) 2011年实施修复中的头道河口

(c) 2014年建成后的夏季低水位期河口多塘湿地　(d) 2018年夏季低水位期头道河口湿地景观

图 4-16　汉丰湖北岸头道河口多塘湿地

（十）汉丰湖南岸小微湿地群

开州城区是典型的水敏性城市，除了在消落带实施相关生态恢复工程外，对消落带以上区域的城市滨水空间生态设计也非常重要。基于汉丰湖水质保护需求，根据水敏性城市设计和水敏性生态建设原理，在汉丰湖南岸从游泳馆至水位调节坝，在海拔 175～178m 的滨水空间设计并营建环湖小微湿地群，包括雨水花园、青蛙塘、蜻蜓塘、生物沟和生物洼地（图 4-17）。

环湖小微湿地植物搭配以水生和耐湿植物为主，包括水生美人蕉、黄花鸢尾（*Iris wilsonii*）、石菖蒲（*Acorus tatarinowii*）等种类。每个小微湿地面积为 10～80m²，镶嵌分布在 175～178m 高程带。该区域不会被蓄水淹没，滨水特点使得该区域在污染净化及提供生物生境（如作为青蛙、蜻蜓等动物的栖息地）方面具有重要作用。同时也是滨湖公园景观系统的重要组成部分，是开州城区居民观赏、接受科普教育的良好场所。

图 4-17 汉丰湖南岸环湖小微湿地

（十一）地形-底质-植物-动物协同修复技术

消落带高程与地表起伏度决定着水位变化的影响，这种影响和动态变化与植物的生长密切相关。此外，消落带底质的差异（土质、卵石底质等）也与植物生长、无脊椎动物、鱼类及鸟类的生存息息相关。众所周知，植物群落不仅为鸟类提供食物源，还为鸟类提供栖息和庇护场所。本书按照消落带高程梯度，以及由此带来的水位变化梯度等生境梯度，结合消落带地形变化和底质类型，配置适生植物种类和群落类型，同时，以鸟类为主要目标种，兼顾不同食性类群、不同栖息习性类群鸟类的需求，进行地形-底质-

植物-动物协同修复设计（图 4-18），并在汉丰湖乌杨坝进行修复实践。汉丰湖乌杨坝的协同修复实践开始于 2013 年，2013 年年底完成地形、底质修复的施工，2014 年 4 月完成植物种植，160～180m 高程带中地形-底质-植物有机相融，为各种无脊椎动物、鱼类、鸟类提供了良好的食物资源和栖息、庇护条件，形成了一个地形-底质-植物-动物协同共生的消落带生态系统（图 4-19）。

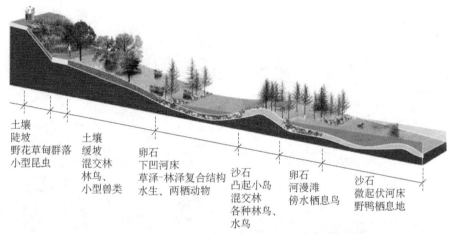

土壤
陡坡
野花草甸群落
小型昆虫

土壤
缓坡
混交林
林鸟、
小型兽类

卵石
下凹河床
草泽-林泽复合结构
水生、两栖动物

沙石
凸起小岛
混交林
各种林鸟、
水鸟

卵石
河漫滩
傍水栖息鸟

沙石
微起伏河床
野鸭栖息地

图 4-18　消落带地形-底质-植物-动物协同修复模式图

图 4-19　汉丰湖乌杨坝消落带地形-底质-植物-动物协同修复效果

第四节　消落带湿地生态系统修复效果评估

汉丰湖消落带生态修复及景观优化是一个基于协同进化及共生等生态学原理的整体生态系统设计，前期以人的设计进行生态修复和景观优化，后期以消落带生态系统的自我设计为主，人工调控为辅。通过消落带各自然要素之间，以及人与消落带及滨水空间之间的协同共生，形成一个相对稳定、生态服务功能高效、景观美化优化的协同共生系统。自 2010 年三峡水库 175m 高水位蓄水开始进行汉丰湖消落带生态系统设计及生态实践以来，迄今，已发挥了地表径流水质净化、生物多样性保育、稳定湖岸、美化景观等生态服务功能，且由于消落带生态系统的自我设计功能开始发挥，生态服务功能持续不断优化，表现出了实验结果的良好可持续性。不同水位时期优美的消落带及滨湖景观，为开州城区居民提供了良好的休闲、观赏、游憩场所，人居环境质量也得到不断优化和改善。

一、生态效益分析

（一）筛选出一批季节性水位变化和耐冬季水淹的消落带适生植物物种

这些植物耐水淹能力明显，筛选出的消落带适生植物包括合萌（*Aeschynomene indica*）、狗牙根（*Cynodon dactylon*）等草本植物 20 多种，秋华柳、中华蚊母等耐水淹灌木 10 多种，池杉、落羽杉、中山杉、乌桕、杨树、柳树等耐水淹乔木 10 多种。所选植物兼具环境净化功能和景观美化价值。迄今这些植物在汉丰湖已经历了 10 多年水淹考验，每年冬季淹没在水下，夏季出露后自然萌发生长，目前存活状况良好，植物的生长形态、繁殖状况、物候变化等均表现出对季节性水位变化的良好适应性。尤其是池杉、落羽杉、中山杉、乌桕、杨树、柳树等耐水淹乔木和秋华柳、小梾木等灌木，经历 10 多年的冬季深水淹没的影响，表现出了优良的适生性（图 4-20）。

图 4-20　汉丰湖适应季节性水位变化和耐冬季水淹的消落带适生植物

（二）生物多样性提升效果显著

　　研究区域消落带种植的耐水淹乔木、灌木经历了多年季节性水位变动和冬季水淹，存活状况良好，群落结构稳定，生物多样性提升效果明显。在汉丰湖北岸的乌杨坝，消落带生态修复区域目前共有维管植物 114 种，分属 47 科 122 属；其中草本植物 92 种，分属 35 科 76 属；菊科和禾本科植物较丰富，分别占草本植物总数的 15.2% 和 14.1%，是该区域的优势科。汉丰湖消落带生态修复区域的鸟类种类及种群数量增加明显，表明消落带地形-底质-植物-动物的协同修复产生了明显效果，基塘、林泽等生境结构单元及立体生境空间的形成，为涉禽、游禽、鸣禽等不同生态位的鸟类营造了栖息、觅食乃至繁殖的生境，提高了鸟类多样性，在汉丰湖观察到的鸟类超过 130 种（刁元彬等，2018），其中湿地鸟类超过 50%，发现中华秋沙鸭（*Mergus squamatus*）、小天鹅（*Cygnus columbianus*）、鸳鸯（*Aix galericulata*）等珍稀濒危水鸟，汉丰湖已成为三峡库区重要的水鸟越冬地。目前，汉丰湖乌杨坝、芙蓉坝等经过修复的消落带区域，因人为干扰的极大减少，消落带区域正在经历一个再野化过程，生物多样性逐渐丰富和提升，消落带生态系统正在表现出更为良好的生态效益（图4-21）。

图4-21　汉丰湖已成为三峡库区重要的水鸟越冬地

（三）碳中和效益呈现

无论是对基塘工程植物的季节性收割，还是消落带林泽所积累的碳，都使得消落带区域成为一个沿海拔分布的立体碳汇系统；通过减源、增汇措施的进一步实施，消落带生态系统修复必将成为水库碳中和的重要途径之一。

二、环境效益分析

消落带生态修复的环境效益突出表现在对地表径流的面源污染净化方面。2015年6～9月对汉丰湖石龙船大桥段景观基塘系统、芙蓉坝"环湖小微湿地+林泽-基塘复合系统"进行了水质取样和分析，水质监测分析表明，汉丰湖石龙船大桥段景观基塘系统、芙蓉坝多维湿地对地表径流总氮的削减率分别达到44%、54%，对总磷的削减率分别达到37%、52%。可见，汉丰湖消落带生态修复所形成的生态结构，不仅提供了景观优化功能，同时在汉丰湖与城市地表径流污染源之间构成了一道拦截屏障，有效地削减了入库污染负荷。

三、社会效益分析

汉丰湖消落带生态系统修复，除了注重耐水淹植物筛选和环境污染防控外，更注重生态服务功能的全面优化提升，将消落带生态系统与滨水空间的景观美化优化协同，实现消落带生态修复与滨水空间景观建设和人居环境质量优化协同共生。目前，汉丰湖消落带景观品质优良，已成为开州城乡居民良好的休闲游憩区域（图4-22）。

图4-22　汉丰湖已成为开州城乡居民良好的休闲游憩区域

消落带生态修复及景观优化的生态实践成为移民稳定的重要手段。开州区是三峡库区的移民大区，开州新城是一个整体搬迁的移民城市，解决移民的稳定生活及优化其人居环境质量是三峡库区社会稳定非常重要的方面。持续10多年的汉丰湖消落带生态修复及景观优化生态实践，不仅使生活在汉丰湖畔的城市居民感受到优美生态环境质量带来的幸福感，而且充分吸纳了当地居民对消落带及滨水空间的良好意愿，使得消落带生态修复及景观优化这一生态实践活动融入开州城区这个社会大系统中，成为社会系统和谐的重要组成部分，从而实现了人与自然协同共生的目标。

2014年10月，国家林业局授予开州为全国湿地保护先进县，汉丰湖国家湿地公园湿地保护与可持续利用模式成为全国的样板。2018年汉丰湖国家湿地公园被重庆市委宣传部、重庆市科技局等认定为重庆市级科普教育基地，修复后的汉丰湖已经成为城乡居民和青少年接受科普教育的良好场所。2019年汉丰湖消落带生态修复作为"三峡库区城镇消落带生态系统修复与景观优化关键技术研究及应用"的重要成果，获重庆市科技进步奖一等奖，2021年6月汉丰湖获评2021年重庆市美丽河湖。同年10月重庆市首届生态保护修复十大案例评选结果出炉，开州汉丰湖消落带生态系统修复位列第四。

汉丰湖消落带生态系统修复设计实验和生态实践有效地解决了三峡库区城镇段消落带耐水淹植物筛选、适应水位变化的消落带生态系统修复技术、景观优化关键环节存在的技术难题，切实保障了三峡库区生态环境安全和城市消落带景观品质，优化了城市人居环境质量。汉丰湖消落带生态系统设计实验和生态实践，既是人与自然合作的结果，也是人与自然的协同共生之舞。目前，汉丰湖消落带已经成为开州城市自然-社会-经济复合生态系统的重要组成部分，形成了一个相对稳定的社会生态系统，如何可持续管理这个社会生态系统，让其生态服务功能持续优化，需要我们对汉丰湖消落带生态系统修复进行长期持续不断的实践探索。

第五节　小　　结

汉丰湖消落带生态系统设计及营建，不仅解决了三峡库区城镇段消落带生态恢复与景观建设的难题，创新性地构建了大型水库城镇段消落带生态修复与景观优化技术体系，为大型湖库消落带生态修复及滨水空间景观优化提供了可推广、可复制的技术方法及生态实践模式，拓展和创新了逆境生态设计和景观生态修复理论；极大地提高了城镇人居环境质量，真正实现了三峡库区城镇人民幸福生活及社会稳定的目标。富有生态智慧的消落带景观基塘系统、林泽工程、多带多功能缓冲系统、滨水空间小微湿地群、"环湖小微湿地+林泽-基塘复合系统"生态湖湾、"多塘湿地系统+消落带护岸植被+河口景观基塘"入湖支流河口生态工程等生态修复技术，是应对季节性水位变化、优化生态服务功能的重要技术和生态实践模式。在三峡水库消落带设计并实施的生态修复工程，不仅仅是一种生态修复措施，更强调生态系统结构、功能和过程的整体设计，以及生态系统服务功能的持续优化提升。

消落带的可持续修复，需要将消落带生态系统视作一个有机整体进行系统性设计，并对消落带生态系统服务功能进行全面优化提升。基于自然的解决方案，借助自然之力做功对生态系统结构及功能进行持续的恢复、完善与管理，提供了大型工程型水库消落带生态修复的重要途径。只有使自然与人类都受益的修复工程，才是可持续的。汉丰湖消落带生态修复，向人们展示了基于自然的解决方案的生态魅力，实现了三峡库区生态治理的人与自然共生之舞。

第五章 林-水一体化——成都兴隆湖生态系统修复

　　林、水是生态系统最重要的组成要素，是城乡生态基础设施的根基。在自然界，水有多种存在形式，包括河溪（线性流动水体）、湖库（大型静水水体）、水塘（小型静水水体）等。自然界的林也有多种存在形态，包含各类单一或混交的灌木林、乔木林等。林、水作为生态系统最重要的基本要素（宋伟等，2019），不是孤立的、割裂的，而是以各种形式形成共生体——林-水组合，如高纬度区域和高海拔区域的森林沼泽、灌丛沼泽（中国湿地植被编写委员会，1999），河流河漫滩及河心沙洲生长的树木、河岸林等（康佳鹏等，2021）。林-水组合中的林生活在水岸或是水中，林与水紧密相关，在生态上发生着复杂的物质交换、物种关联。林-水组合形成整体生态系统，有林意味着生命繁荣，有水意味着灵动。在成都市天府新区的公园城市建设中，我们希望在城市生态基底上构建出蓝绿交织的生态空间，以林-水一体化设计来实现城市生态系统服务功能的全面优化提升。在天府新区兴隆湖的生态修复实践创新中，本书作者基于自然的解决方案，在重点关注湖泊生态系统结构、功能与生物多样性的协同修复基础之上，提出林-水一体化的设计思路，统筹湖泊生态系统要素、结构、地形、过程的综合设计，发挥兴隆湖区域以"林-草-湿"耦合系统为基底的生命共同体的重要生态服务功能。构筑林-水协同共生的生态湖泊，是实现天府新区公园城市绿水青山生态目标的关键。从全域生态视角来看，只有构筑蓝绿交织、林-水融合的复合生态格局，才能实现林-水一体化。

第一节　研究区域概况

兴隆湖地处成都平原东南边缘，属鹿溪河流域（图 5-1），是天府新区重要的生态资源。兴隆湖所在的天府新区位于成都老城区南侧，总体地势呈东北高、西南低，高程为 350~1050m，地貌类型包括丘陵、台地、平原等。兴隆湖片区具构造剥蚀和侵蚀堆积地貌景观，山脊多为不规则条形山脊、圆顶山包和侵蚀洼地相间。天府新区具有以锦江、鹿溪河、雁栖河、柴桑河为主干的"一江三河"四大自然水系，形成树枝状水网。兴隆湖所在的鹿溪河为岷江的二级支流，属都江堰水系府河左岸支流。鹿溪河是典型的山溪性河流，由龙泉山脉流域降水汇集而成。研究区域属中亚热带季风湿润气候区，季风气候明显，冬无严寒，夏无酷暑，四季分明，雨热丰富。全年霜雪少，风速小，阴天多，日照少，气压低，湿度大。多年平均降水量为 976mm，多集中在夏秋两季，冬季少有降水。区内降水及径流在时间上分布不均，径流主要集中在 6~9 月，占全年水量的 70%~80%，年际变化较大。

兴隆湖片区内大多数土地已进行城市开发建设，尚保留一些浅切割丘陵，陆域部分海拔为 470~496m，坡度大致为 2°~8°。兴隆湖南侧的南山为小型山体，海拔约 496m，相对高差约 20m。兴隆湖以前是泄洪洼地，后在鹿溪河上筑坝蓄水而成，总面积 357.33hm²，湖区水面面积约 300hm²，东西长约 2600m，南北长约 1300m，水深 1.5~5m，是典型的浅水湖库。兴隆湖底海拔为 459~470m，岸坡坡度大部分为 0~3°。

兴隆湖于 2013 年 11 月正式开工建设，在鹿溪河上筑坝，营造出 300hm² 水域面积，蓄水量超过 1000 万 m³。整个兴隆湖区包括筑坝蓄水工程、湖体工程、驳岸工程、岛屿工程、环湖市政道路工程等。兴隆湖所在的鹿溪河径流主要源于降水，降雨时空分布不均，径流年际变化大，枯期生态用水需求大，雨季防洪压力大，泥沙淤积问题明显。为减小洪水对湖区水生态系统的冲击，提出了控制性"河湖分离"措施，即在湖区北侧开泄洪道，满足上游

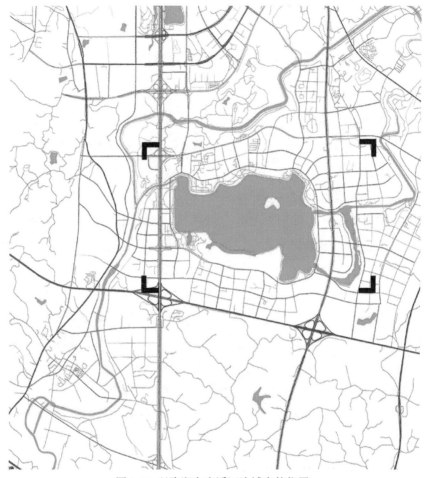

图 5-1　兴隆湖在鹿溪河流域中的位置

洪水快速宣泄需求。湖区保留并拓宽原老河道，作为区间雨水排涝的快速通道。湖区整体水下地形呈"V"形，主河槽深 7～8m，两侧逐渐变浅至 1m 水深。

在实施生态修复前，兴隆湖湖区沿岸有 7 个雨水排口，湖水水质绝大部分时间呈Ⅳ类，部分时间段呈Ⅴ类甚至劣Ⅴ类。湖区内水生植物包括人工种植于边岸的少量挺水植物及浮水植物，沉水植物种类及生物量都较少。调查表明，由于流域雨洪影响未消除，泥沙输入问题依然严峻，当流域内实现全面截污后，面源污染和泥沙输入成为最大的影响因子，湖区水质仍处于"藻型"浊水状态。

2018 年，习近平总书记视察天府新区时首提公园城市理念（王春香和蔡文婷，2018）。兴隆湖作为天府新区公园城市示范引领工程的最核心基础设施，承担了先行先试和落实公园城市理念的历史使命（杜文武等，2020）。2020 年 8 月，兴隆湖开始启动水生态综合提升修复工程。基于湖泊湿地生态系统整体设计理念，兴隆湖开展了从水域到水岸的系统生态修复。

第二节 修 复 目 标

出于防洪固岸与公共安全的考量，大多数城市湖泊的边岸被处理成硬质化陡岸，甚至改造成直立式堡坎，导致湖泊湿地景观品质劣化与生物多样性的严重衰退。事实上，兴隆湖生态修复的关键难题，也正是如何处理湖泊与城市的关系，以及如何构建可持续的人与湿地的关系，即在保障水利安全的前提下，使湖泊更为自然野趣，满足人类游憩利用和生物多样性的多重功能需求，并使各类功能有机耦合协同。此外，由于城市湖泊往往遭受城市人类活动的频繁干扰，如何保证湖泊水体自净能力是一项严峻挑战。依靠配置挺水植物及沉水植物群落是否能够达到这一目标？应当如何通过生态系统的整体设计来满足湖泊水体的自净能力？

兴隆湖具有水生态涵养及水利调蓄的重要生态功能，其生态修复中湖岸生态空间控制是兴隆湖生态修复的基础；兴隆湖浅水区域的生态营建则是满足水质净化和生物多样性保育的重要保障。以各种林-水组合形式，进行湖岸及湖泊近岸浅水区域的生态营建，使湖岸及近岸浅水区域呈现出优美的景观形态，充分发挥其净化水质、保育生物多样性的多种生态服务功能。因此，兴隆湖生态修复的目标是通过城市湖泊的整体生态系统设计，以林、水两大核心生态要素为基础，统筹"山水林田湖草"生命共同体要素，从全域生态视角，打造林、水协同共生的生态湖泊，形成林环水绕、林水相依、林水共荣的城市生态湖泊景观，树立成渝地区双城经济圈湖泊生态修复的样板，让兴隆湖成为生命的乐园，以及人民群众共享的绿意空间。

第三节　兴隆湖生态系统修复设计与实践

一、修复技术框架

基于自然的解决方案，借鉴岷江流域都江堰治水生态智慧（袁琳，2018），从"要素-结构-功能-过程"进行兴隆湖生态修复的全链条设计。融合生态学、生态工程学、湿地科学、湖泊水动力学等多学科理论及技术，以林-水为核心的林-草-湿作为生态基底，统筹"山水林田湖草城"生命共同体各要素，将湿地草本植物群落与能够在水中良好生存的木本植物群落进行耦合设计，形成水泽、草泽和林泽的多种有机组合，形成一系列的创新生态工法（图 5-2），包括林-草-湿融合的湖泊生态系统整体修复工法、林-水一体的多维湿地修复重建工法、多功能水岸生态修复工法、水生生命网络构建工法和湖心岛生态岛屿营建工法。

二、修复技术与实践

（一）林-草-湿融合的湖泊生态系统整体修复工法

坚持"湖泊一体化修复"理念，基于上中下游纵向生态梯度空间的连续性、水体—岸带—陆地侧向生态梯度空间的自然过渡、时间维度下的水文和生态过程变化，综合统筹考量兴隆湖所在的鹿溪河上中下游生态本底条件及生态功能需求，通过要素、结构、功能和过程设计，实现林-草-湿融合的湖泊生态系统整体修复。

1. 兴隆湖湖泊生态系统要素设计

综合考虑兴隆湖生态系统中水、岸、岛等非生物要素，以及林、草、鱼、鸟等生物要素之间的空间排列、时间变化及协同耦合方式，提出两种要素设计的模式——水-岸-滩-岛协同修复和林-草-鱼-鸟共生设计。

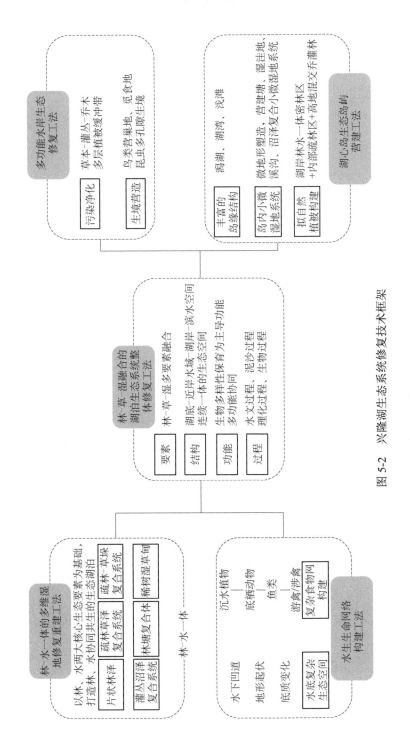

图 5-2　兴隆湖生态系统修复技术框架

1）水-岸-滩-岛协同修复

兴隆湖的生态修复针对水质改善、水体自净能力维持、生物多样性提升的综合目标需求，对水、岸、滩、岛进行协同设计和修复。通过湖底地形的重塑，从湖岸经过缓平浅滩到深水区岸-滩一体化修复，形成沿高程梯度的连续地形空间，满足水团物理交换的基础条件，保证水体物理自净能力的发挥。通过岛屿的设计（Ricklefs and Lovette，1999），形成以湖心岛为核心的岛群，湖心岛作为鸟类栖息生境，其他小岛主要以草洲形态呈现，形成从水岸经岛链至湖心岛的一系列生境"踏脚石"。水-岸-滩-岛协同修复，使得修复后的兴隆湖水质优良、岸线蜿蜒、滩涂野趣、岛屿自然（图 5-3、图 5-4），空间上形成水-岸-滩-岛耦合的生态湖泊格局，时间动态上形成具有明显季相变化的湖泊生命综合体。

(a) 修复过程中   (b) 修复之后

图 5-3　兴隆湖水-岸-滩-岛协同修复

(a) 刚刚完成修复   (b) 修复一年之后

图 5-4　修复之后的兴隆湖水-岸-滩-岛协同景观

2）林-草-鱼-鸟共生设计

林、草是湖泊生态系统的生产者（董哲仁，2015），提供初级生产力；通过林、草的合理配置，形成优良的植物群落，为动物提供栖息场所及食物资源。鱼类和鸟类是湖泊湿地生态系统的消费者（袁刚等，2010），是主要的动物类群。鱼类栖息于水中，鸟类包括林鸟、草地鸟和水鸟。按照食性功能群，鱼类包括植食性鱼类和动物食性鱼类（陈兵等，2019），有水体上层取食和中层取食鱼类，也有底栖鱼类，因此水中的沉水植物和藻类成为鱼类的食物来源之一，沉水植物所构建的复杂水下空间，也为鱼类庇护、觅食和产卵附着提供良好条件（Ren et al.，2022）。同时，鱼类也是一些鸟类的重要食物。兴隆湖生态修复注重林-草-鱼-鸟共生设计，通过林-草复合设计，满足鱼类和鸟类的栖息、庇护和觅食条件，鱼、鸟形成食物链的重要环节，是构建湖泊食物网的重要基础。林-草-鱼-鸟共生设计和修复实践，使兴隆湖真正成了生命喧嚣的城市生态地标（图 5-5）。

图 5-5　基于林-草-鱼-鸟共生设计修复后的兴隆湖生命景观

2. 兴隆湖湖泊生态系统结构设计

湖泊生态系统结构的整体设计，是湖泊湿地修复的一项关键工作。兴隆湖生态系统结构设计包括四个方面：湖底生态修复、近岸水域生态修复、湖岸生态修复及岛屿生态修复，"岛屿生态修复"的阐述放到"兴隆湖生态岛屿营建工法"部分。

1）湖底生态修复

兴隆湖湖底生态修复包括湖底地形重塑和以沉水植物栽植为主的水下生态空间构建（图5-6）。湖底是沉水植物、挺水植物着生及底栖动物生长的基底，其起伏的地形和微地貌组合也是水下生境多样性形成的基础。此外，从湖岸、近岸水域到湖心，形成具有高差的高程梯度，也是水团物理交换的重要保障，从而增强水体的物理自净能力。兴隆湖湖底地形修复，在满足湖泊平均水深2.0m的前提下，沿近岸浅水到湖心划分出五级水深梯度营建形成：平均深度为1.0m的近岸浅水区、离岸1.5m水深区、离岸2.0m水深区、湖底凹凼3.0m水深区和＞4.0m水深区（以水下鹿溪河老河道为主）。在地形重塑时，注重形成浅滩-深潭交替的水生生境格局，以及在水下构建多种微地貌组合形态。沉水植物的栽种主要在近岸平均深度1.0m的浅水区、离岸1.5m水深区，湖底凹凼、水下鹿溪河老河道则成为鱼类庇护和越冬的重要场所。

(a) 湖底地形修复中

(b) 修复后可见湖底地形状况

图5-6　兴隆湖湖底地形修复

2）近岸水域生态修复

实施近岸水域生态修复，对湖泊生态系统的结构与功能恢复具有极重要的意义（胡海波等，2022；朱广伟等，2021），近岸水域既是接纳湖岸及高地地表径流带入营养物质的重要区域，也是鱼类等水生生物及水鸟栖息活动及觅食的主要区域。为满足近岸水域水质改善、鱼类及水鸟等生物的栖息需求，在兴隆湖提出通过水泽-草泽-林泽生态序列构建及浅水生境系统修复，形成健康的近岸水域生态体系。

（1）水泽-草泽-林泽生态序列构建：近岸水域的平均水深为1.0m，形成一个平缓下降的地形坡度，并进行微地貌组合的设计和修复，即在平均水深为1.0m并平缓下降的基础上，构建局部起伏、洼地、凹凸组合的近岸水域水下地形格局。在此基础上，在近岸水域混合配置草本挺水植物与耐水淹乔木，乔木稀疏种植，营建出水泽-草泽-林泽镶嵌交混的生态组合（图 5-7），在形成具有优良生态外观的湖泊景观的同时，为鱼类、鸟类提供满足其觅食、庇护、筑巢、繁殖、栖息等生存需求的功能生境。

图 5-7　修复后的兴隆湖近岸水域水泽-草泽-林泽景观

（2）浅水生境系统修复：地形和植物是形成生境的重要因素，根据兴隆湖近岸水域条件，通过地形重塑和沉水植物栽种，以及在近岸水域抛石，形成多种类型的小生境及其组合，由此在浅水区域构成由底栖动物生境、水生昆虫生境、鱼类生境和水鸟生境组合的浅水生境系统。

3）湖岸生态修复

湖岸是陆地和水体之间的重要生态界面。兴隆湖的湖岸是按照高程及基底条件，从湖岸高地的湖岸林，到湖岸带的稀树草甸及临水区的挺水植物带，形成多功能的多维湖岸生态系统，详细内容见"（三）多功能水岸生态修复工法"。

3. 兴隆湖湖泊生态系统功能设计

基于主导功能优先、多功能并重的原则，兴隆湖生态系统修复注重水质净化、生物多样性保育、气候调节、固碳增汇及景观美化等功能的整体优化提升（徐昔保等，2018；熊文等，2020）。水质净化功能通过湖底地形设计提高水体物理自净能力、栽种沉水植物提高营养物质吸收能力，以及通过湖岸多带多功能缓冲带构建提高地表径流拦截及污染净化能力（胡海波等，2022；袁兴中等，2021）。通过地形-底质耦合设计及植物-动物协同设计，构建多样化的生境系统，提升兴隆湖生物多样性。大面积水域、浅水及边岸带湿地的构建，也加强了兴隆湖对城市气候的调节功能。水下大面积种植的沉水植被、浅水区的草泽、湖岸草甸及湖岸林成为兴隆湖的重要碳汇（Huang et al.，2021），发挥了重要的减源增汇作用。一系列生态修复措施的实施，使得兴隆湖成为景观优美的城市湖泊。

4. 兴隆湖湖泊生态系统过程设计

湖泊生态过程的设计是湖泊生态系统健康维持的重要基础。湖泊生态过程包括很多方面，在兴隆湖的生态过程设计中，重点针对水文过程及物种流过程进行设计和修复（谭志强等，2022；朱金格等，2019）。

1）水文过程

兴隆湖是鹿溪河流域的关键水文节点，如何发挥其水文调节和雨洪管控的功能，水文过程的设计至关重要。基于水文分析和暴雨行洪水流场分析，在湖区重塑连通进出水口的导流槽，营造汛期的快速排沙流场。按照不低于原库容的标准，对湖底泥沙进行科学研判，在湖底保留鹿溪河老河道。通过地形重塑形成五级水深梯度，优化兴隆湖水文径流，保障水文过程顺利进行。

2）物种流过程

物种流过程包括作为鹿溪河流域生态走廊的关键节点的栖息、庇护作用，以及城市生境"踏脚石"作用（汪洁琼等，2021），也包括从高地，到湖岸，再到近岸水域及湖底的物种迁移过程。通过构建从高地→湖岸→近岸水域→湖底的一体化生境，使沿高程梯度的物种流过程得以保障。通过湖泊生态系统整体结构和功能的优化，保证其作为鹿溪河流域生态走廊及城市生境"踏脚石"功能的发挥。

（二）林-水一体的多维湿地修复重建工法

针对兴隆湖作为水生态涵养及水利调蓄的重要生态功能，兴隆湖生态修复中，湖岸生态空间控制是兴隆湖生态综合提升的良好基础；兴隆湖浅水区域的生态营建则是满足水质净化和生物多样性保护的良好基础。以各种林-水组合形式，进行湖岸及近岸浅水区域的生态营建，不仅使湖岸及近岸浅水区域呈现出优美的景观形态，而且能够充分发挥其净化水质、保育生物多样性的多种生态服务功能。

以"林-水一体化"为核心，实施兴隆湖多维湿地修复重建，营建生物多样性丰富、自然野趣浓厚、景观层次分明的城市湖泊湿地生态系统。以林、水两大核心生态要素为基础，理水之韵，营林之绿，统筹"山水林田湖草"生命共同体各要素，打造林、水协同共生的生态湖泊，形成林环水绕、林水相依、林水共荣的生命乐园。

1. 林-水一体化概念及类型

林、水作为生态系统最重要的基本要素，以各种形式形成共生体——林-水组合。林水组合是指乔木林或灌木林与水发生密切关系而形成的各种生态组合形式，如森林沼泽、灌丛沼泽、河岸林、湖岸林、水上林泽等。在林水组合中，林与水这两种生态要素既相互协同，又耦合成景。

1）自然界的林-水组合类型

在自然界，林、水是自然生态系统非常重要的组成要素，有林、有水，是我们追求良好生态环境的象征。有林意味着生命繁荣，有水意味着灵动。自然界有很多天然形成的林水组合，如高纬度区域和高海拔区域的森林沼泽、灌丛沼泽，以及河流河漫滩及河心沙洲生长的树木、河岸林等。

2）城乡林-水组合类型

人类上千年的农业生产活动及造园过程，也形成了大量的林-水组合类型，如珠江三角洲桑基鱼塘中塘基上桑树与水的组合（钟功甫，1980；郭盛晖和司徒尚纪，2010）、垛基果林湿地中果林与河涌水体的组合（袁兴中等2020）等。

兴隆湖的生态修复设计中，我们提出将在水中生活的那些草本湿地植物和在水中能够存活的木本植物进行耦合设计，由此形成水泽、草泽和林泽的有机组合，这是林-水一体化的创新实践。通过林-水一体化设计，达到林水和谐，既满足兴隆湖景观优美的目的，也满足其为各种各样生物提供栖息环境的生态功能。

2. 林-水一体化设计模式及实践

1）地形-植物协同设计

为保证兴隆湖湖泊生态系统健康的自我维持功能，进行湖底地形重塑。在尊重湖底原地形的基础上，根据水质物理净化要求及生物多样性提升目标，进行地形设计和地形修复营建，形成深潭-浅滩交替的水下生境空间，提升湖底的环境空间异质性。根据湖底地形及水深进行植物群落配置，选择池杉（*Taxodium ascendens*）、落羽杉（*Taxodium distichum*）、乌桕（*Sapium sebiferum*）等耐水淹乔木及南川柳（*Salix rosthornii*）、秋华柳（*Salix variegata*）、柽柳（*Tamarix chinensis*）等耐水淹灌木，通过针阔叶树种混交或乔灌木混交，形成各种林型的水中或水岸群落。通过植物及地形的塑造，营建水鸟的觅食地、繁殖地、庇护地、栖息地。

2）生境-功能-过程耦合设计

为提升兴隆湖生物多样性水平，在湖底、湖岸及滨湖空间进行生境设计和营建，包括鸟类生境、鱼类生境及昆虫生境等。通过利用现状场地中的枯立木及倒木为鹭类、鸻鹬类等涉禽提供栖息场所（马广仁等，2017）。兴隆湖的"再野化"是公园城市建设的重要内容，再野化是功能设计的重要内容（杨锐和曹越，2019）。无论是公园城市，还是其中的城市公园，生物多样性保育都是其最重要的功能之一。在特定地域，丰富的生物多样性也是形态美的基础。再野化是一个系统的设计过程，这个过程的设计者不仅仅是人，也包括自然之力，自然也是设计师。因此，兴隆湖的再野化设计是一项"人与自然的协同设计"。这一设计包含了对于水文过程（湖岸高地—湖岸—湖泊水体的水文过程，以及入湖河流的水文过程）、泥沙过程（与水文过程相伴，兴隆湖"Y"字形水道的设计就是基于泥沙过程的考虑）、理化过程、营养物质过程和生物过程（即物种流）等生态过程的巧妙顺应。

3）林-水组合模式

（1）林泽系统：种植乌桕、池杉、落羽杉、杨树等耐水淹树木，种植密度较稀疏，形成水上森林，成为兴隆湖的林泽景观。在兴隆湖南岸的近岸浅水区域和湖心岛的环岛浅水区域，构建以池杉为主、混交乌桕的水中林泽系统（图5-8），形成水上森林，既丰富了湖泊垂直空间层次，又形成了优美的林-水组合。

图 5-8　兴隆湖的林泽系统

（2）片状林泽：在兴隆湖的局部湖湾区域构建小型片状林泽（图5-9），形成具有垂直空间结构的水上绿岛。

图 5-9　兴隆湖小型片状林泽

（3）疏林-草泽复合系统：在湖心岛周边构建疏林-草泽系统（图 5-10），形态优美，为鸟类栖息提供良好生境。

图 5-10　兴隆湖疏林-草泽

（4）草泽-疏林-岛屿复合系统：在兴隆湖的生态修复中，不仅对湖心岛做了地形设计，而且根据湖心岛的高程和其与水的关系，配置了植物群落，形成草泽-疏林-岛屿复合系统（图 5-11），使得整个湖心岛的生物多样性得到提升。

图 5-11　兴隆湖草泽-疏林-岛屿复合系统

（5）疏林-草垛复合系统：在兴隆湖的东南角湖湾等区域种植大型挺水草本植物，种植形态为垛状，在垛状挺水草本植物旁稀疏种植耐水淹乔木，形成疏林-草垛复合系统（图5-12）。

图 5-12　兴隆湖疏林-草垛复合系统

（6）水泽-草泽-林泽复合系统：在兴隆湖的东南角湖湾等区域，将草泽与林泽耦合设计，开阔的水面与草泽、林泽形成水泽-草泽-林泽复合系统，这既是一个沿高程变化的生态系统，也是一个水与林、草形成的多维风景系统（图5-13）。

图 5-13　兴隆湖水泽-草泽-林泽复合系统

（7）灌丛-草泽：低矮稀疏灌丛点缀于草甸之上，形成稀疏灌丛草甸景观，同时为鸟类提供食物来源。以灌丛、湿生草本植物为主，灌木种类包括秋华柳、彩叶杞柳（*Salix integra* 'HakuroNishiki'）、火棘（*Pyracantha fortuneana*）、枸杞（*Lycium chinense*）、南川柳、柽柳（*Tamarix chinensis*）、桑树等。

（8）林-塘复合体：以塘系统为主，林泽围绕湿地塘，通过景观塘和林泽的有机结合，形成林-水一体化、林水和谐的优美林-塘景观（图 5-14）。塘埂种植乔木群落、水生植物群落；塘埂树种以乌桕、枫香（*Liquidambar formosana*）、香樟（*Cinnamomum camphora*）、黄葛树（*Ficus virens*）、柚树（*Citrus maxima*）、元宝枫（*Acer truncatum*）、三角枫（*A. buergerianum*）为主，塘内湿地植物以菖蒲（*Acorus calamus*）、小香蒲（*Typha minima*）、黄花鸢尾（*Iris wilsonii*）、千屈菜（*Lythrum salicaria*）、泽泻（*Alisma orientalis*）、慈姑（*Sagittaria trifolia*）、黑藻（*Hydrilla verticillata*）、金鱼藻（*Ceratophyllum demersum*）、苦草（*Vallisneria natans*）、荇菜（*Nymphoides peltatum*）、萍蓬草（*Nuphar pumilum*）为主。

图 5-14　兴隆湖林-塘复合体

（9）稀树湿草甸：在湖心岛周边以混交高大乔木林形成围合，乔木内部空间开林窗，进行地形塑造，营建塘、湿洼地、溪沟、沼泽复合生境，提升该片区的生物多样性。群落类型以混交乔灌林为主。湖岸密林树种包括池杉、落羽杉、中山杉、乌桕、杨树、水松（*Glyptostrobus pensilis*）、竹柳（*Salix maizhokung*）等；高地密林树种包括栾树（*Koelreuteria paniculata*）、黄葛树、枫香、大叶女贞（*Ligustrum compact*）、柚树、小叶榕（*Ficus concinna*）、三角枫等。

疏林林泽、林泽-草泽、林泽林窗、岛上洼地等生态结构体与复合系统的设计，均以群落生态学、生态工程学等理论与科学研究发现为基础，并耦合协同，为兴隆湖湖泊整体生态系统设计提供有力支撑。

4）多维湿地修复重建模式

以"林-水一体化"为核心，重构促进生物多样性恢复的湿地生态系统。将适宜本地气候条件和土壤环境的草本湿地植物和木本植物进行耦合设计，选择池杉、落羽杉、乌桕等耐水乔木及南川柳、柽柳等耐水灌木，通过针阔叶树种混交或乔灌木混交，形成林泽、片状林泽、疏林-草泽、草泽-疏林-岛屿、疏林-草垛、水泽-草泽-林泽、灌丛草泽、林-塘复合体、稀树湿草甸等九类湿地生态系统，塑造形成"水泽-草泽-林泽-灌丛-河岸林带"的林水有机体和多维湿地系统（图5-15），构筑林环水绕、林水相依、林水共荣的生态格局。不仅使湖岸及近岸浅水区域呈现出优美的景观形态，更充分发挥了其净化水质、搭建生物迁移生态廊道的多种生态服务功能。以湖心岛为例，配置黄葛树、香樟、栾树（*Koelreuteria paniculata*）、樱桃（*Prunus pseudocerasus*）、枇杷（*Eriobotrya japonica*）、柚树等30多种乔木，其中食源性乔木10种，为昆虫和鸟类营造了不受人为干扰的觅食地、繁殖地、庇护地和栖息地。

（三）多功能水岸生态修复工法

以"界面生态结构+多维生态水岸"为重点，通过拟自然的方式，营造亲水体验性强、景观四季多彩、低维护成本的多功能近自然水岸（图5-16）。按照保持山水生态原真性和完整性的原则，选取适生性良好、生态功能优良、景观观赏效果佳的乡土树种，形成群落结构稳定的水岸复合生态系统，使之成为城市内的自然保护地和繁育庇护地。在水陆交错带区域，通过组团化布置生态密林-林下草甸、疏林-草地、湖岸草甸、近岸湿生草甸、浅水沼泽-挺水植物等植物群落类型，以及通过卵（砾）石滩水岸、沙滩水岸、草坡水岸等生态柔性水岸形式，保证护岸的防冲刷能力和多孔穴空间，提升水岸生境异质性。

图 5-15 兴隆湖多维湿地系统

图 5-16　兴隆湖多功能近自然水岸

（四）水生生命网络构建工法

水体的自净能力包括物理自净、化学自净和生物自净三个方面（谭燮等，2007），其中生物自净能力非常重要。兴隆湖的生态修复，在满足物理自净、化学自净能力的基础之上，特别注重通过生态修复、水下森林（即在水下生长的沉水植被）的构建，以及生活在沉水植物群落所形成的水下生态空间中的鱼类、各种水生昆虫、底栖动物，共同构成复杂的水下生命网络，这是生物自净能力的重要基础。

在兴隆湖的生态修复中，以"沉水植物群落+水下多维食物网"为核心，构建结构稳定、种类丰富的水下生命系统。根据沉水植物、底栖动物、鱼类等水生生物的生物学习性、协同共生的生态特征和水体自净能力目标需求，以苦草和黑藻为主要优势种，以穗花狐尾藻（*Myriophyllum spicatum*）和竹叶眼子菜（*Potamogeton wrightii*）等为次优种的 7 种沉水植物，形成混交的沉水植物群落，种植面积 202 万 m²，湖底水生植物覆盖率达 75.7%。在沿岸线的浅水区域种植千屈菜、水葱（*Scirpus validus*）、石菖蒲等多种挺水植物。此外，向湖中投放鲶鱼（*Silurus asotus*）、鳜鱼（*Siniperca chuatsi*）、胭脂鱼（*Myxocyprinus asiaticus*）、鲢鱼（*Hypophthalmichthys molitrix*）等 10 种土著鱼类，共投放 13 万尾，配置梨形环棱螺（*Bellamya purificata*）、日本沼虾（*Macrobranchium nipponense*）等 5 种底栖动物，形成"沉水植物-浮游生物-草食性鱼类-杂食性鱼类"水下食物链，形成多物种协同共生的水生生命网络。

沉水植物的栽种在水下形成复杂的生态空间（图 5-17），维持了底栖动物、鱼类的良好生存，再加上水鸟，由此构建一个完整的多维食物网结构，在保证兴隆湖水质自净功能的同时，有效保育和提升了兴隆湖的生物多样性。生长在兴隆湖底的沉水植物，除了净化水质、形成复杂的水下生态空间之外（王志强等，2017；黄文成和徐廷志，1994），还发挥着明显的减源增汇的作用，是水中的固碳单元，加上湖岸植被，由此形成了兴隆湖的立体固碳系统。沉水植被-挺水植被-林泽-河岸林构成的立体固碳系统（图 5-18），是城市湖库生态修复碳中和路径的重要模式。

图 5-17　兴隆湖沉水植物形成的水下生态空间

图 5-18　兴隆湖的立体固碳系统

（五）湖心岛生态岛屿营建工法

岛屿通常是指历史上地质活动形成且被海水包围和分隔开来的小块陆地（邓绶林，1992）。岛屿性（insularity）是生物地理领域所具备的普遍特征，许多自然生境，如溪流、片林、孤立高地及其他边界明显的生态系统都可看作是大小、形状和隔离程度不同的岛屿。岛屿由于与大陆隔离，生物学家常把岛屿作为研究进化论和生态学问题的天然实验室或微宇宙，如达尔文对加拉帕哥斯（Galapagos）群岛的研究及 MacArthur 对岛屿进行的生态学研究等。1967 年MacArthur 和 Wilson 创立岛屿生物地理学理论（邬建国，1989；赵淑清等，2001），认为岛屿物种的多样性取决于物种的迁入率和灭绝率，而迁入率和灭绝率与岛屿的面积、隔离程度及年龄等有关。面积越大且距离大陆越近的岛屿，其居留物种的数目越多；而面积越小且距离大陆越远的岛屿，其居留物种的数目越少。

根据岛屿的生态特征以及岛屿生物地理理论，构建了兴隆湖以湖心岛为核心的生态岛屿营建工法。

原湖心岛为茂密的树林覆盖，林分、植物和鸟类种类单一，岛屿岸线生硬、陡直，难以发挥湖泊岛屿的生境功能。在保持湖心岛总面积不减少的情况下，对岸线做蜿蜒化处理，同时将小型潟湖的设计与岸线的蜿蜒化处理相结合，使得水岸更为复杂。岛屿地形设计与高程相结合，从岛屿四周向岛屿中部，形成逐渐升高的地形高差，但总体地形高差保持在2.0m左右。岛屿内部进行了微地貌组合设计，设计了较多的洼地和水塘，形成岛屿内部的小微湿地系统（图5-19）。此外，通过湖底地形重塑，沿岛屿周边形成环岛屿的水下沙洲。在植物群落配置方面，保留原来树林的一部分，形成片状密林，作为林鸟栖息的环境及食物来源。在岛屿四周种植挺水植物、湿生草本植物及耐湿的乔木，在岛上种植乔木和灌木，在水下沙洲种植沉水植物，由此形成湖心岛的水泽-草泽-林泽生态序列。由于岛屿岸坡平缓，岛周水下沉水植被的发育，以及岛内小微湿地系统的作用，兴隆湖的湖心岛形成了鸟类优良的生境，为林鸟、草地鸟、涉禽、游禽、傍水栖息鸟类提供了多样化的生境（图5-20）。由于湖心岛与湖岸隔离并营建有良好的生态缓冲结构，加上人为干扰的终止，修复后的湖心岛已逐渐成为被兴隆湖水域所包围的闭锁性"似荒野"生境，在自然做功的驱动下持续再野化，其生物多样性得到明显提升（图5-21）。

图5-19 修复后兴隆湖湖心岛上的小微湿地系统

图 5-20　修复后的兴隆湖湖心岛生境类型多样，成为水鸟的优良栖息生境

(a) 修复中的湖心岛

(b) 修复后的湖心岛

图 5-21　兴隆湖湖心岛生态修复

　　除了湖心岛外，在湖心岛与南岸和北岸之间，设计修复了一系列小型岛屿，岛屿面积为 100～500m²，以种植湿生矮草草本植物为主，形成岛屿状草洲，也是鸟类良好的栖息生境。湖心岛与系列小型草洲岛屿构成了兴隆湖的生态岛链（图 5-22），既是良好的鸟类栖息环境，也是重要的生境"踏脚石"。

图 5-22　修复后的湖心岛与一系列小岛形成兴隆湖的生态岛链

第四节　兴隆湖生态系统修复效果评估

兴隆湖生态修复过程中，所进行的以林-水一体化为核心的城市湖泊生态修复工法的多重组合，是一个创新性的生态修复实践，产生了良好的生态效益和社会经济效益。

一、生态环境质量明显改善

修复后，兴隆湖水生态系统的稳定性和自净能力明显提升，水质达到地表水Ⅲ类标准，部分指标改善至Ⅱ类标准，强的水质净化功能已经使得兴隆湖成为"天府新区之肾"（图 5-23）。修复后，兴隆湖的生物多样性明显提升，尤其是针对鸟类的生境修复效果明显，截至 2021 年年底，湖区已观测到青头潜鸭（*Aythya baeri*）、小天鹅、白骨顶（*Fulica atra*）、罗纹鸭（*Anas falcata*）、红嘴鸥（*Larus ridibundus*）、赤膀鸭（*A. strepera*）、小鸊鷉（*Tachybaptus ruficollis*）、黑颈鸊鷉（*Podiceps nigricollis*）等鸟类 66 种，青头潜鸭为全球高度濒危的鸟类，也是国家一级保护野生动物，小天鹅是国家二级保护野生动物，此外，在湖心岛首次发现了城市区域少见的国家二级保护鸟类、中型猛禽——鹗（*Pandion haliaetus*）。2021 年冬季迁徙初期监测水鸟数量达 5000 只，兴隆湖已成为成都平原最大的水鸟越冬地（图 5-24），是名副其实的"喧嚣的城市生命秘境"。由于湿地结构和功能的改善，兴隆湖对于城市气候的调节作用明显增强，对天府新区来说也是"城市加湿器"。由于水下沉水植被的栽种，以及草泽、林泽、河岸林的综合构建，形成了城市湖泊湿地碳汇——"立体固碳系统"，这是湖泊生态修复的碳中和路径的重要模式。

图 5-23　修复后兴隆湖清澈的水体

图 5-24　兴隆湖的成群越冬水鸟（2021 年冬季）

二、人居环境质量及景观品质显著提升

修复后的兴隆湖，在林-水组合区域，形成了一个生命喧嚣的世界，在这里不仅水中有鱼有虾，还有很多水鸟栖息，大大优化了以兴隆湖为中心的城区人居环境质量（图5-25）。兴隆湖的生态修复，树立了一个城市湖泊生态修复的样板，是人与自然的协同共生之舞，也是人和自然的一次友好合作。习近平总书记讲"绿水青山就是金山银山"，在生态文明的新时代，"两山论"为区域绿色发展指明了方向（杜艳春等，2018）。修复之后的兴隆湖具有多功能、多效益的特征，显现出生态价值的良好转化，不仅使得城市湖泊水体水质保持洁净，维持着城市的良好局地气候，同时还满足了多种多样生物生存和人民群众休闲游乐的需求，并改善了城市局地气候条件，营建了优美的城市人居环境。兴隆湖优良的生态环境，已带动这一片城市区域的良性发展。

图 5-25　兴隆湖及周边城区人居环境质量优良

三、经济社会效益逐渐显现

修复后的兴隆湖自 2021 年 10 月 25 日再次对公众开放以来，已成为市内外游客休闲游憩的良好场所，日均接待游客约 1.5 万人次，单日最高游客量达到 7.5 万人次，有效地带动了周边餐饮、住宿、交通等行业发展，将生态优势转化为经济优势，实现了生态产品价值转化与增值。目前，环绕兴隆湖片区已经形成集科研、创新、孵化等于一体的高新技术产业聚集地，吸引了众多企业落户和投资。天府实验室正式揭牌，永兴实验室即将挂牌，川藏铁路技术创新中心正式开工建设，中科院重大科研装置项目、海康威视科研基地等即将建成投用，独角兽岛、成都超算中心等一大批重大项目和国家级创新平台环湖分布，西部（成都）科学城也迈入了全面建设的新阶段。兴隆湖的生态修复，树立了一个城市湖泊生态修复的样板。

第五节 小 结

兴隆湖生态修复，作为公园城市建设的重点工程，经过天府新区政府近两年的努力，创造了成渝地区双城经济圈生态文明建设的新高。绕湖行走，泛舟湖上，水泽、草泽、林泽，水际线、城际线、山际线、天际线，泽线序列分明，景观层次丰富（图 5-26）。

图 5-26 景观层次丰富的兴隆湖

　　修复后的兴隆湖，是成都公园城市建设和天府新区的亮丽生态名片，成为成渝地区双城经济圈湿地保护修复与可持续利用的样板。兴隆湖的生态修复，无论是指导方针、修复策略及修复技术模式，都是可复制、可推广的。

　　兴隆湖生态修复致力于向自然探索答案，在修复过程中创新提出的以林-水一体化为核心的系列生态工法，既是对传统生态智慧的传承和转译，也是在生态修复领域的一次深度创新，同时拓展了生态工程技术在城市人居环境中的应用场景的多样性。

第六章 立体生态江岸——重庆主城长江九龙滩生态修复

河岸带是河流与流域集水区陆域之间关系最密切、作用最活跃的界面（或称迁移控制带）（袁兴中，2020）。河岸带不仅是河流与流域景观环境耦合的核心部位，也是环境胁迫最易富集、河流调节最活跃的界面层。作为联系陆地与水域的纽带，来自陆域集水区的有机物质、岩石风化物、土壤生成物，以及陆地生态系统中转化的物质，通过河岸带不断输入河流，成为河流生态系统中营养物质的重要来源。

长期以来，长江江岸是水与陆的界面，除了作为生态过渡带具有重要的生态服务功能外，还是人类活动的重要空间。江岸顺应长江的自然演变规律，与人类社会发展交互作用，江岸-河流-人类社会长期协同进化形成协同共生体。在三峡水库消落带及滨江湿地生态系统恢复治理中，重庆主城中心城区长江段面临着极其严酷的环境胁迫，除了季节性、30m落差的大幅度水位变动、冬季淹没外，夏季频繁的高含沙量洪水淹没、冲刷给生态修复带来了更为严峻的挑战。因此，重庆主城中心城区长江江岸及消落带生态修复是亟待解决的关键工程技术问题。

本章以重庆主城中心城区九龙滩滨江消落带及江岸湿地为例，针对江岸生态系统及复杂江岸环境变化之间的相互作用关系进行科学研究，提出界面生态调控技术、立体生态空间建设技术和滨江消落带韧性景观修复技术，并在九龙滩江岸展开修复实践，以期为具有季节性水位变化的城市滨江消落带及江岸湿地生态修复提供科学依据和可参考的应用范式。

第一节　研究区域概况

研究区域九龙滩地处长江干流重庆主城中心城区九龙坡区，地理坐标介于 29°30′32″～29°32′21″N，106°31′25″～106°31′42″E 之间，修复地块呈南北走向，位于长江干流左岸、九滨路东侧，规划总面积约 70hm²，整体沿长江主河道南北向延伸。

场地内部交通主要以马道形式沿江修建，一级马道位于 179m 高程、二级马道位于 185m 高程。175m 高程以下为河漫滩区域。现状 165～174m 为常年淤积并生长稀疏草本植物的区域，冬季被水淹，夏季频繁淹没。175～178m 高程为水泥砌筑岸坡。178～185m 高程为菱形水泥格框护坡，护坡上植物种类单一。185～191m 高程为直立式硬质挡墙。191m 高程为九龙滩广场。硬质护坡整体观感单调，生态结构完整性较差，生物多样性贫乏。

九龙滩江岸面临着多重水位变动的复杂挑战，包括：①三峡水库实行"蓄清排浑"的运行方式，由此形成与天然河流涨落季节相反、涨落幅度大的消落带；九龙滩正是长江三峡水库消落带的一部分，在冬季三峡水库蓄水至海拔 175m 时，九龙滩水位蓄至约 176m，其夏季枯水期水位则在海拔 159m 左右，具有高差近 20m 的消落带（图 6-1），其植物群落面临严苛的冬季深水淹没与夏季出露期高温胁迫；②由于重庆主城区长江段夏季常面临多次洪峰过境，洪峰流速快、冲刷力强、淹没范围广，水位高程变化快且变幅大，对九龙滩江岸的植物配置与生物生境造成极大的环境压力。如何针对这些严酷逆境挑战，提出适应性设计体系，最大程度地减缓九龙滩江岸面临的不利水文挑战，并挖掘和利用其中蕴藏的生态机遇，是九龙滩江岸生态修复的艰巨任务。

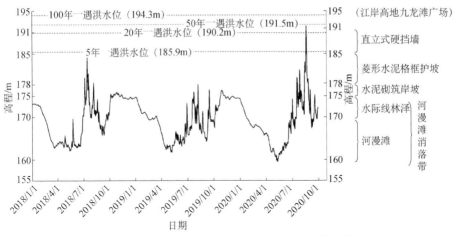

图 6-1　2018～2020 年长江重庆主城段水位变化

修复区域从高到低依次为：城市广场（191m 高程）、直立式硬质挡墙（185～191m 高程）、菱形水泥格框护坡（178～185m 高程）、水泥砌筑岸坡（175～178m 高程）、以泥沙和卵石为主要底质的大型河漫滩消落带区域（175m 高程以下）（图 6-2）。

护坡最大高程低于重庆主城区防洪标准的 5 年一遇设计洪水位（185.9m 高程）；由于三峡库区的反季节蓄水，修复区域内的河漫滩和消落带每年面临长达 5 个月的秋冬季淹没。江岸整体坡度较大，其中，178～185m 高程的菱形水泥格框护坡，平均宽度不足 10m，护坡坡度达 30.3°，175～178m 高程水泥砌筑岸坡坡度约为 26.4°；175m 高程以下的河漫滩区域中，170～175m 高程平均坡度约为 5.8°，165～170m 高程平均坡度约为 6.9°。场地内部人行交通以马道形式修建，两级马道之间由梯步连通。受复杂的山地城市水文变化及三峡水库蓄水水位变化影响，以及该区域较大的人为干扰，修复前江岸生境恶劣且退化严重，葎草（*Humulus scandens*）、喜旱莲子草（*Alternanthera philoxeroides*）等恶性杂草随水文传播迁入，迅速扩繁并占据群落优势地位；江岸整体生物多样性与生态系统服务水平低下，景观单调。

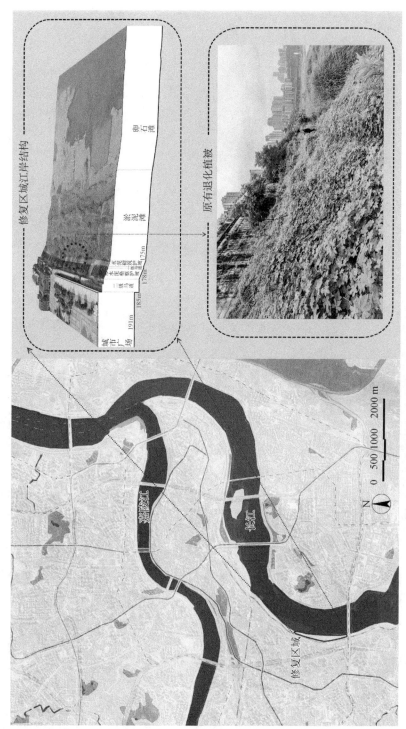

图 6-2　九龙滩修复区域、江岸结构及原有退化植被

第二节　修　复　目　标

　　九龙滩江岸（包括滨水岸坡与消落带）是一个典型的复杂生态界面，既是水陆相互作用界面、水位变动交错界面，是城市与自然交融的界面，又是一个独特的文化空间界面。因此，本书作者提出应用界面生态调控理论与技术，科学指导九龙滩江岸界面的生态修复与可持续管理，构建生态界面调控技术体系。针对九龙滩江岸的环境挑战，需要根据不同季节的水位变化以及山地城市自身的生态环境特征，顺应高程梯度的滨江立体生态空间结构，筛选适生植物，采用韧性材料，实施韧性技术，提高九龙滩江岸对夏季过境洪水和冬季淹没的弹性应对能力和快速自我恢复能力。基于上述考量，并立足滨水岸坡与消落带向库岸稳定、环境污染净化、生物多样性保育与景观美化优化等多功能协同的需求转变，构建了一系列江岸界面生态调控的关键技术，以及江岸立体生态空间建设技术，以期将九龙滩江岸修复作为长江三峡库区城镇江岸及消落带生态修复与景观优化样板，为长江干流江岸及消落带生态修复提供参考。

第三节　九龙滩江岸生态系统修复设计与实践

一、设计技术框架

　　本书作者提出三项设计策略：①适应多重水位变化的分圈层韧性植物筛选；②以修复护坡物质、结构与生物群落为目标的护坡立体生态种植设计；③为恢复河漫滩结构完整性与提高生境丰富度的河漫滩"植被-底质-微地貌"耦合设计。所有设计策略顺应山地城市江岸生态界面的典型立体特征与环境梯度，有机耦合、协调互补，形成对复杂环境挑战的多重分层生态缓冲，从而组织起有效的江岸生态修复设计技术框架（图6-3）。自2018年5月起，实施九龙滩江岸生态修复。

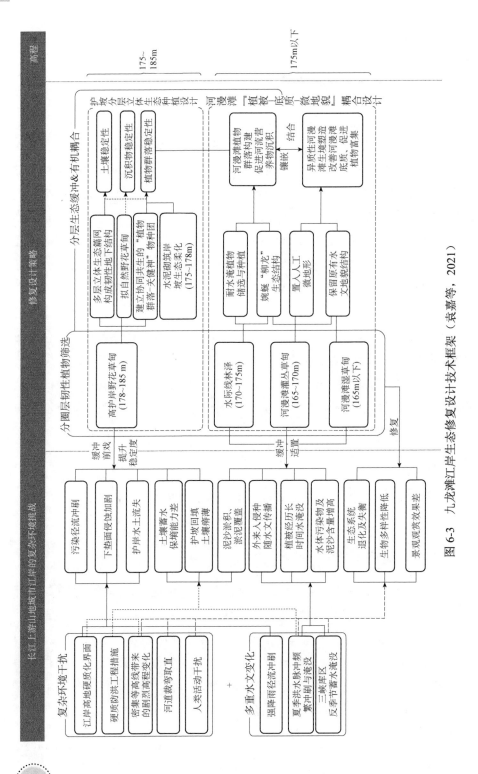

图 6-3 九龙滩江岸生态修复设计技术框架（袁嘉等，2021）

二、修复技术及实践

（一）应对多重水位变化的分圈层韧性植物筛选

研究顺应江岸多级阶地及其高程变化进行植被设计，建立结构与功能有机耦合的韧性圈层系统和实现分层生态缓冲，包括：高护岸野花草甸（178～185m 高程）、水泥砌筑岸坡生态柔化（175～178m 高程）、水际线林泽（170～175m 高程）、河漫滩灌丛草甸（165～170m 高程），以及河漫滩湿草甸（165m 高程以下，图 6-4）。实现韧性应对多重水位变化目标的关键，在于能够从江岸侧向结构中的复杂水文情势中分圈层筛选出适生植物种类，为营建不同韧性圈层提供有效的植物资源库（表 6-1）。

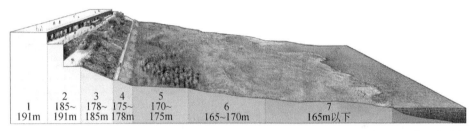

1-城市广场　　2-垂直挡墙立体绿化　　3-高护岸野花草甸　　4-水泥砌筑岸坡生态柔化
5-水际线林泽　　6-河漫滩灌丛草甸　　7-河漫滩湿草甸

图 6-4　应对多重水位变化的九龙滩韧性圈层植被设计（袁嘉等，2021）

表 6-1　九龙滩江滩生态修复分圈层的适生植物种类

韧性圈层结构	植物种类			
高护岸阔叶野花草甸（178～185m）	菖蒲（*Acorus calamus*）	红毛草（*Melinis repens*）	花菱草（*Eschscholtzia californica*）	黄金菊（*Euryops pectinatus*）
	落新妇（*Astilbe chinensis*）	假龙头花（*Physostegia virginiana*）	蓝花矢车菊（*Cyanus segetum*）	柳叶马鞭草（*Verbena bonariensis*）
	落新妇（*Astilbe chinensis*）	马鞭草（*Verbena officinalis*）	墨西哥鼠尾草（*Salvia leucantha*）	千屈菜（*Lythrum salicaria*）
	鼠尾草（*Salvia japonica*）	山桃草（*Gaura lindheimeri*）	天竺葵（*Pelargonium hortorum*）	匙叶合冠鼠麴草（*Gamochaeta pensylvanica*）
	萱草（*Hemerocallis fulva*）	沿阶草（*Ophiopogon bodinieri*）	长药八宝（*Sedum spectabile*）	紫苏（*Perilla frutescens*）

续表

韧性圈层结构	植物种类			
高护岸高草野花草甸（178～185m）	滨菊（Leucanthemum vulgare）	翅果菊（Lactuca indica）	大滨菊（Leucanthemum maximum）	地毯草（Axonopus compressus）
	黑心金光菊（Rudbeckia hirta）	花叶麦冬（Liriope spicata var.variegata）	狼尾草（Pennisetum alopecuroides）	耧斗菜（Aquilegia viridiflora）
	美国薄荷（Monarda didyma）	墨西哥羽毛草（Nassella tenuissima）	肾蕨（Nephrolepis cordifolia）	细叶芒（Miscanthus sinensis 'Gracillimus'）
水泥砌筑岸坡生态柔化（175～178m）	爬山虎（Parthenocissus tricuspidata）	葡萄（Vitis vinifera）	秋华柳（Salix variegata）	油麻藤（Mucuna sempervirens）
消落带林泽（170～175m）	爆竹柳（Salix fragilis）	池杉（Taxodium distichum）	枫杨（Pterocarya stenoptera）	落羽杉（Taxodium distichum）
	秋华柳（Salix variegata）	杉木（Cunninghamia lanceolata）	乌桕（Sapium sebiferum）	中山杉（Taxodium 'Zhongshansha'）
河漫滩灌丛草甸（165～170m）	荻（Miscanthus sacchariflorus）	卡开芦（Phragmites karka）	芦苇（Phragmites australis）	秋华柳（Salix variegata）
	五节芒（Miscanthus floridulus）	沿阶草（Ophiopogon bodinieri）		
河漫滩湿草甸（165m以下）	狗牙根（Cynodon dactylon）	牛鞭草（Hemarthria sibirica）	水蓼（Polygonum hydropiper）	酸模叶蓼（Polygonum lapathifolium）

175～185m 高程的菱形水泥格框护坡坡度陡峭，其中仅回填 20cm 营养贫瘠的砂质土壤，加上夏季洪水和坡面径流的频繁淹没与冲蚀，乔木与灌丛难以定植，并易被强力洪水冲断或拔起。针对这些特殊环境挑战，本书作者选择具有强健根系的阔叶草花与观赏禾草进行坡面生态修复（表 6-1）。一方面，草本植物的根系能较好地适应厚度较薄的回填土壤，生长发育迅速并完整覆盖坡面，且纤维柔韧不易被洪水折断；另一方面，相比乔木和灌丛，草本植被覆盖的坡面所产生的径流中泥沙含量更低，能够有效平衡径流削减与蓄水保墒（Liu et al.，2020）。

为适应夏季的频繁洪水淹没和淤积，以及秋冬季的淹没，175m 高程以下的河漫滩消落带区域，需要选用耐淹性强并能迅速恢复生长的植物种类，以维持出露季节的河漫滩地表覆盖与植物群落结构稳定。本书作者利用 170～

175m高程河漫滩区域的深厚淤泥质土层，种植池杉（*Taxodium ascendens*）、落羽杉（*Taxodium distichum*）、中山杉（*Taxodium 'zhongshansha'*）、乌桕（*Sapium sebiferum*）、枫杨（*Pterocarya stenoptera*）、竹柳（*Salix maizhokung*）等乔木及秋华柳（*Salix variegata*）等灌木，并采用三角桩进行固定（袁兴中等，2018），从而建立具有良好生态缓冲能力的消落带林泽。在165～170m高程种植秋华柳灌丛，以及荻（*Miscanthus sacchariflorus*）、卡开芦（*Phragmites karka*）、芦苇（*Phragmites australis*）、五节芒（*Miscanthus floridulus*）等草本植物，形成团块状河漫滩灌丛草甸，能有效应对洪水冲击，并在退水期迅速生长并覆盖地表。165m高程以下受河库交替淹没的干扰频率最高，主要通过保护原有河漫滩底质，促进种子库自然萌发建立湿草甸群落，形成江岸与长江河道水体之间的最后一道生态屏障。

（二）护坡立体生态种植

为有效应对175～185m高程下陡岸护坡中的坡面物质与结构不稳定、人工植被快速衰退，以及入侵植物竞争等复杂挑战，研究基于稳定护坡沉积物、稳固土壤和修复植物群落稳定性的目标，设计立体生态种植系统进行护坡界面的生态调控与景观优化（图6-5）。

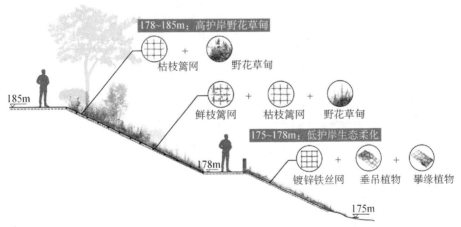

图6-5　陡岸护坡立体生态种植模式图（袁嘉，2021）

在178～185m高程种植野花草甸覆盖护坡，通过冠层截流与蒸腾作用降低坡面径流影响；野花草甸既能缓冲洪水侵蚀，其地上生物量又明显低于木本植物群落，又能有效减少每次洪水造成的泥沙淤积，有利于坡面沉积物稳定。在175～178m高程完全硬化的水泥砌筑岸坡中，打入金属膨胀螺丝并张拉耐水腐蚀的镀锌钢丝网，种植爬山虎（*Parthenocissus tricuspidata*）、葡萄（*Vitis vinifera*）、油麻藤（*Mucuna sempervirens*）与秋华柳等耐水淹藤本和灌木、悬垂或攀援植物。多种植物在镀锌钢丝挂网上盘错生长，可实现硬质护坡界面的生态柔化并加强缓冲功能。

在坡度较大的护坡上设计地上地下一体化的立体生物网络——生物篱网，稳固菱形水泥格框护坡内的回填土壤。在频繁遭受夏季洪水侵蚀的178～181m高程水泥格框护坡，取出15cm深土壤，铺设当地常见绿化小乔木（如桂花 *Osmanthus fragrans* 等）的枯枝，形成第一层枯枝篱网。在枯枝篱网上覆盖10cm深土壤，采用秋华柳带根幼苗（株径1～2cm）编制鲜枝篱网（图6-6），并覆盖5cm深土壤。两层生物篱网能有效提高土壤孔隙度，增强垂向的土壤水分渗透，并与野花草甸的植物根系相互盘结形成稳固的地下韧性结构，有效增强护岸土壤稳定性（袁嘉等，2020）。在相对较少遭受洪水影响的181～185m高程，仅采用枯枝篱网，为根系生长预留更多的空间，以此增加种植植物的丰度和多度。

图6-6　江岸护坡上的生物篱网

　　通过筛选适应于长江江岸的乡土灌木作为立体生物网络材料，构建抗滑韧性的立体植物网络，包埋于易于滑坡的江岸地下，形成地下、地上一体化的韧性抗滑生物网络。将活体灌木的茎、根与枯木质藤本形成三维结构状的网络（鲜枝篱笆+枯枝篱笆），质地疏松、柔韧，留有空间可充填土壤，其他植物根系可以穿过其间生长。从土壤中长起来的灌木，使地下植物网络与地表土壤表面、草本植物有机地结合在一起，形成地上部分稳定的植物群落。由此，地上部分的稳定绿色复合保护层与地下植物网络结构，构建起牢固的、抗滑坡、防治水土流失的强劲韧性"立体生物网络"（图 6-7）。立体生物网络将江岸滑坡治理、生态修复与景观美化一体化，使安全性、生态性、景观性三者协同共生。

图 6-7　江岸护坡立体生物网络实施前后

　　江岸护坡上的野花草甸使用了 36 种具有不同花期、高度和叶序形态的草本植物（表 6-1），具有高物种丰富度和丰富的亚层分化结构，并通过不同种类交错混栽、塑造镶嵌分布的水平格局，有效增加了坡面植被的群落多样性，有利于保持群落稳定性并提升景观效果。同时，利用植物配置形成两类"植物-动物关键种"物种团，分别是：①以蜜粉源丰富的滨菊（*Leucanthemum* vulgate)、黑心金光菊（*Rudbeckia hirta*）、山桃草（*Gaura lindheimeri*）、蓍草（*Achillea wilsoniana*）等阔叶草本种类为优势种的"阔叶野花集群-传粉昆虫"物种团；②以狼尾草（*Pennisetum alopecuroides*）、细叶芒（*Miscanthus sinensis*）和蒲苇（*Cortaderia selloana*）等高大观赏禾草为优势种的"高草野花集群——草丛鸟"物种团（图6-8）。两类物种种团能够吸引和保育具有授粉、植物传播等重要生态功能的动物种群，强化坡面植物群落的自我维持功能。

(a) 阔叶野花草甸　　　　　　　　　　(b) 高草野花草甸

图 6-8　江岸护坡（178～185m）的阔叶野花草甸与高草野花草甸

（三）河漫滩"植被-底质-微地貌"耦合设计

在原本植被与生境退化严重的175m高程以下的河漫滩，充分利用山地河流的不均匀冲蚀与沉积等不同水力方式交互作用所产生的丰富微地貌、界面底质和多变的水湿条件，与植物群落的种植设计形成耦合系统，从而恢复河漫滩生态结构完整性并优化生物生境，为河漫滩生态系统的长期稳定提供保障。

在170～175m高程林泽中，将乔木种植成蜿蜒的"树龙"形态（图6-9），利用林泽的自然蜿蜒形态，将原本顺直的水泥砌筑岸坡（175～178m高程），通过植物群落进行蜿蜒化和生态化。乔木"树龙"结构能够增加水力粗糙度，在洪水期间减缓水流冲击并形成小区域的回水环境（Nilsson and Berggren，2000），有利于植物的生长。此外，在夏季洪水和冬季蓄水淹没期间，"树龙"林泽在长江主河道与江岸之间围合形成半封闭水域，构成曲折、狭长且连续的复合生境类型，不仅成为鱼类越冬的栖息地与庇护场所，还是水禽和候鸟的觅食与筑巢生境。

(a) 夏季出露期　　　　　　(b) 夏季洪水期　　　　　　(c) 冬季淹没期

图 6-9　"树龙"林泽（袁嘉等，2021）

山地河流通过运移、侵蚀和堆积等水力方式，在河漫滩上塑造出浅沼、水塘、洄水洼地、卵石滩等多种微型地貌结构。充分保留这些界面底质、土壤湿度、水位高度、营养成分和光照条件上特征各异的微环境单元，并在它们之间的空隙空间置入一系列大小、形状、深浅不一的人工凹地形。丰富的河漫滩微地貌与种植的多种耐水淹灌丛草甸，以及自生湿草甸群落组合出类型繁多的高异质性生境，并形成水平格局上的复杂镶嵌（图 6-10），优化了河漫滩生态结构。

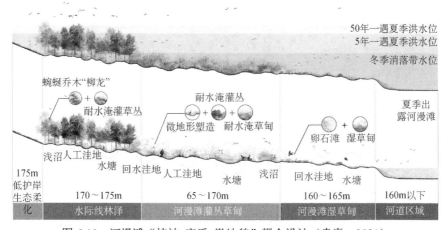

图 6-10　河漫滩"植被-底质-微地貌"耦合设计（袁嘉，2021）

第四节　九龙滩生态系统修复效果评估

一、生态环境效益

2020 年 5 月，作者所在研究团队在九龙滩江岸开展地面调查，将实施修复区域（即实验组）与修复区以北的未修复区域（即对照组）的生态系统进行对比研究。在实施生态修复后的研究区域共发现高等维管植物42科106属129种，对照区仅发现17科38属40种高等维管植物。研究结果显示，修复区内植物种类明显增加，修复区域的植物群落马加利夫（Marglef）丰度指数、香农-维纳（Shannon-Wiener）多样性指数和辛普森（Simpson）优势度指数显著高于未修复的对照区，证明分圈层植物筛选并构建植物资源库有效应对了研究区域复杂的高程变化及水文情势；生态修复后的江岸植被不仅具有应对多重水位变化、物质与结构失稳及生境退化等复杂环境胁迫的良好韧性，群落结构与多样性也不断优化。

调查结果显示，葎草这一恶性入侵杂草在未实施修复的对照区中占据绝对优势，同时与蜈蚣草（*Pteri svittata*）、牛筋草（*Eleusine indica*）、蛇床（*Cnidium monnieri*）和小蓬草（*Conyza canadensis*）等少数杂草形成贫乏化的均质群落。采用立体生态种植修复后的护坡植物群落的优势种数量及出现频率均明显高于对照区群落，且不同高程梯度中的优势种分布差异较大，表明修复后的护坡植物群落类型相较对照区更为丰富。修复区内滨菊、黑心金光菊、山桃草、肾蕨（*Nephrolepis auriculata*）、蓍草和细叶芒（*Miscanthus sinensis*）等栽培植物占据群落优势地位，既有效地抑制了葎草等入侵植物的扩繁，又能够为传粉昆虫和草丛鸟等动物关键种提供更加适宜的取食和庇护条件，有利于保障并提升江岸护坡的生物多样性和景观自我维持功能。

调查结果显示，修复区内优势种群数量及其分布的均匀程度均明显高于对照区，说明采用"植被-底质-微地貌"耦合设计进行生态修复后的河漫滩植被能够有效应对多重水位变化和人类干扰，逐步形成合理分布的稳定格局，增加了江岸植被连续性。随着高程增加，修复区植被的优势种群逐渐从一年生小型湿生草本过渡成多年生禾草，地上生物量和生产力显著提高，群落结构更加稳定。调查结果表明，165～175m高程的"树龙"林泽和灌丛草甸等生态种植群落，有效地缓冲了多重水位变化等环境胁迫，改善了165m高程以下河漫滩区域的生境条件。一方面，研究设计在河漫滩区域保留自然微地形起伏和微地貌组合，能够作为出露季节的雨水储留空间（图6-11），维持河漫滩垂向梯度的水文流和补足地下水层（Tiwari et al.，2016），为夏季江滩出露时的植物生长修复提供适宜条件；另一方面，凹地形在洪水及冬季蓄水淹没过程中，有利于溶解有机碳等河流营养物质和植物种子的富集，为自生植被发育提供适宜的河漫滩基质，进一步提升河漫滩生物多样性（Steiger et al.，2005；Bendix and Hupp，2000）。

图 6-11　九龙滩河漫滩区域保留的自然微地形起伏和微地貌组合

　　未实施生态修复的江岸在暴雨之后土壤流失情况较严重，而实施修复的江岸由于立体生物网络与种植在其中的草本植物根系交互盘结，形成致密而坚韧的壤中立体生物网络，极大地增强护坡抗冲刷能力，此外，垂直梯度上的草本-灌木分层结构，也发挥了强大的固土作用，使得江岸维持在稳定状态（图 6-12）。

　　经过若干次坡面上汇水径流的频繁冲刷，以及河流水位的波动，修复后的江岸立体生物网络产生了良好的适应性。原本结构单一、景观效果杂乱的江岸植被，成为垂直分层错落有致、季相丰富的草本植物群落岸段（图 6-13），反映了植被生长依赖于环境结构的稳定。

(a) 实施前　　　　　　　　　　　　　　(b) 实施后

图 6-12　修复后九龙滩江岸稳定性增加

(a) 夏季洪水冲刷淹没　　　　　　　　　(b) 洪水之后

图 6-13　九龙滩江岸经历夏季洪水冲刷淹没及洪水之后的生长情况

　　修复后江岸植物群落的地上部分和地下部分形成一体化的生态结构（图6-14），在大幅提升江岸生物多样性的同时，增强了江岸稳定性。地上部分复杂多样的草-灌植物群落结构，为各种昆虫、鸟类提供了食物和栖息环境，使得生物多样性更加丰富。地下植物根系的纵向增长和横向延展，以及木质物残体表面形成的微生物膜，形成了一个复杂的地下生态空间，构建了丰富的地下小微生境，结合木质物残体自然分解带来的营养物，给地下土壤动物提供了食物来源，进一步提高地下土壤动物及其微生物多样性。

　　修复后九龙滩立体生态江岸的立体生物网络成为江岸碳汇单元。江岸区域是陆地-水体生态系统碳库的组成部分，恢复的自然草本植被，结合耐水淹耐旱且耐瘠薄的灌木植被及消落带林泽，生态环境得到较大程度的改善。这些复合植被在发挥水土保持功能的同时，也产生了固碳释氧等良好生态效益。

图6-14　修复后九龙滩江岸立体生物网络风貌

修复后九龙滩江岸景观显著改善，连续4年（2018～2021年）承受了夏季洪水的反复冲蚀、淤积及冬季深水淹没，提供了持续全年的良好景观效果（图6-15）。原本植物种类单一、景观单调的菱形水泥格框护坡中，形成了层次与色彩丰富、季相多变的野花草甸（图6-16）。

修复后九龙滩"消落带林泽-灌丛草甸-湿草甸"复合群落与丰富的河漫滩微地貌有机镶嵌形成复合格局，呈现出优美的立体生态外貌（图6-17），同时增加了江岸垂直结构的丰富度，能够满足更多鸟类和昆虫栖息繁衍的生态位和实际微生境需求（Olson et al.，2007）。170～175m高程的河漫滩林泽复合群落能够发挥削峰滞洪的作用，并防止上游来水中携带的入侵植物繁殖体向护坡空间扩繁（Swanson et al.，2017）。消落带林泽中的落羽杉、中山杉、池杉在秋冬季三峡水库蓄水淹没后出现应激反应，叶片变色，形成独特的秋冬季水上彩叶林景观效果（图6-18）。修复后的河漫滩植物群落发育良好，显著增加的净初级生产力能够促进无脊椎动物生长，为随夏季洪水和冬季蓄水迁移至此的鱼类提供丰富饵料，又进一步吸引鸟类取食，有效地完善了河漫滩系统的食物网结构。

图 6-15　修复后九龙滩生态江岸不同季节不同水位的江岸景观

图 6-16　修复后九龙滩护坡季相多变的野花草甸与消落带林泽浑然一体

图 6-17 修复后九龙滩立体江岸景观

图 6-18 修复后九龙滩江岸秋冬季季相景观

　　修复前后，无论是景观外貌，还是生物多样性，都发生了明显变化（图6-19）。此外，九龙滩江岸植被有效拦截和净化了地表径流污染。修复后的立体生物网络通过水-土壤（沉积物）-植物系统的过滤、渗透、吸收、滞留、沉积等作用，能控制或减少地表径流中的固体悬浮颗粒、溶解性污染物，改善土壤渗透性。灌-草的合理配置能有效削减地表径流的污染物，而草本植物具有生长密集、覆盖于地表的特点，进一步增强了地表径流拦截与污染净化能力。

(a) 修复前单一的植物群落　　　　　　(b) 修复后多样的植物群落

图 6-19　江岸景观修复效果

二、经济效益

　　与传统且较生硬的江岸护坡工程相比，江岸立体生态修复技术大幅节省了工程资金。例如，重庆主城渝北区嘉陵江悦来段的防洪护岸综合整治投资约为 1050 万元/km，采用以九龙滩修复技术为代表的立体生物网络与工程治理相结合的护坡修复技术，节省了近 50%的工程开支，大幅优化了护坡护岸的生物多样性与景观观赏效果。

　　九龙滩生态江岸的修复减少了滑坡灾害治理所造成的财产损失。以重庆主城区为例，我国西南山地城镇的河流边岸及湖库库岸处于山高坡陡、地质条件复杂且滑坡等次生地质灾害频发的环境中，容易造成地方经济与人民生命财产安全的破坏与损失。九龙滩立体生态江岸的设计技术体系与示范工程，提供了有效适应复杂水文变化与地质地貌的生态修复路径，实现生态护岸固土、保持水土，并能有效防止滑坡灾害的发生和减少灾害及治理所造成的财产损失。

三、社会效益

一方面，修复后的九龙滩呈现出良好的景观效果与生态服务功能，优化了城乡人居环境（图6-20）。另一方面，更加稳定的江岸与更优美的景观形态，有助于提升城市旅游形象与品质，吸引更多游客，增加旅游收益，带动当地经济发展。

图 6-20 修复后的九龙滩立体生态江岸景观效果

第五节 小 结

本书针对长江上游山地城市江岸中的复杂环境挑战提出修复设计技术框架，并通过重庆九龙滩江岸的实证性修复研究，检验了技术方法的可行性。研究通过分圈层植物筛选，为应对山地自然洪水过程与三峡水库反季节蓄水淹没等复杂水文情势，建立了具有良好韧性和快速自我修复能力的植物资源库；利用立体生态种植，在夏季洪水侵蚀淤积与径流冲刷频繁的陡岸护坡，建立了群落稳定、生态功能与观赏效果不断优化的野花草甸景观；"植被-底质-微地貌"耦合设计则加强了河漫滩界面中物种、营养流及水文流的交互作用与生态联系。研究区域是长江上游山地城市江岸的代表性空间，这一区域江岸复杂问题的技术瓶颈攻关，对整个长江上游江岸生态修复与景观综合整治具有积极的参考价值和普遍适用性。

　　应用示范研究表明，重庆主城长江段消落带最大的问题是夏季长时间反复被洪水淹没冲刷的逆境胁迫，本书筛选出了耐夏季洪水淹没和冲刷优良工程物种，如秋华柳、竹柳、乌桕等。这些物种面临持续不断的洪水冲刷淹没及高温干旱交替的逆境，无论是植物种类，还是植被结构，都表现出了良好的韧性适应。通过运用适应水位变化的滨江立体生态空间建设技术，试验段滨江立体生态空间格局初步呈现。示范研究拓展和创新了逆境生态修复技术，构建了三峡库区长江干流城镇消落带生态修复与景观优化技术。对消落带生态修复中的地形塑造还需要结合水动力及泥沙条件进一步优化。野花草甸护坡带的部分草本花卉及观赏草的耐水湿性还需要深入探究。下一步将在充分吸取示范研究经验的基础上，创新长江干流消落带生态恢复的技术体系和多功能途径，将九龙滩消落带及江岸生态修复工程建成适应夏季洪水冲刷淹没和冬季蓄水淹没的韧性生态系统，使其成为长江生态大保护的示范样板，以及长江经济带生态江岸营建与城市人居环境质量优化协同共生的样板。

　　在今后的研究与实践中，需要进一步明确山地城市江岸景观系统的关键调控因子及其梯度变化特征，探究在水文变化以及高强度人工干扰影响下的江岸景观环境适应机制。通过定量数据收集，分析山地城市江岸生态系统的演变规律，以及与水陆交汇过程中物种流、营养流及水文流的交互作用，从而完善山地城市韧性江岸生态系统的科学设计，实现其生态缓冲、生物生境及观赏游憩等多功能协同目标。

第七章　乡村生态智慧——四川营山清水湖乡村湿地生态设计

　　中国的乡村发展经历了从传统农耕时代自发组织的乡村活动，到工业化时代乡村的机械化发展，再到如今城镇化时代中乡村特质的快速消失，既反映了中国乡村所积累的丰饶的物质与文化遗产，又折射出如今中国乡村正面临的发展困境和危机（张立等，2019；鲍梓婷和周剑云，2014）。伴随着传统乡村文明有形要素与结构的快速消失，无形的乡村文化遗产也濒临消失。当前，正是抓住生态文明建设的巨大机遇，形成生态文明时代的新乡村范式，解决中国乡村所面临的环境胁迫、产业单一、文化衰落等系列问题的关键时期（Zhu et al.，2021）。地处四川省东北部的营山县清水湖国家湿地公园及其周边地区的生态修复与可持续发展，恰恰提供了一个通过乡村湿地生态修复驱动乡村国土空间生态振兴的良好示范样本。以清水湖国家湿地公园及其周边的乡村湿地生态修复为载体，将以湿地修复和湿地资源可持续利用为核心的乡村生态、乡村产业、乡村旅游、乡村文化、乡村民宿、乡村人居融合在一起（李实等，2021），挖掘乡村生态智慧（张文英，2020），形成独具特色的乡村湿地生态体系。本书作者及其研究团队自2014年起，在对川东北乡村湿地进行广泛调研的基础上，以清水湖及湖周乡村湿地生态修复为重点，进行了乡村湿地生态修复及可持续利用的实践研究。

第一节　研究区域概况

　　研究区域位于四川省营山县清水湖国家湿地公园，包括周边部分地块，地处四川盆地东北、嘉陵江中游（图7-1）。范围东起营山县清水乡双井村，西至福源乡土塘村，北抵青山乡蔡家塝村，南达清水乡烈马山村。研究区域属川东北低山丘陵区，丘峦广布，沟谷纵横，地形破碎。属中亚热带湿润季风气候区，四季分明，雨热同季。清水湖湿地公园所在地属嘉陵江二级支流清水河，是1958年将清水河拦腰截断筑坝而形成的人工库塘，专门用作农业灌溉和城镇生活。水域面积近400hm²，最深处20m，正常年水位变幅为2m。湖水清澈碧绿，湖内水质为Ⅲ类水。清水湖位于川东盆地偏湿性常绿阔叶林地带-盆地底部丘陵低山植被地区-川北深丘植被小区，植物种类繁多，野生动物资源丰富。

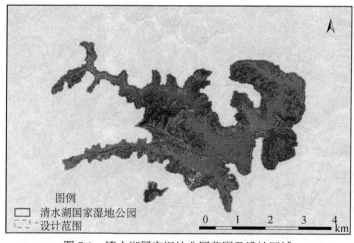

图7-1　清水湖国家湿地公园范围及设计区域

　　清水湖湿地四面环山（图7-2），河湾众多，湖面开阔，半岛密布，周边山峦重叠，湖水清澈，山水相依，是典型的乡村库塘湿地生态系统，水库及塘、沟、渠、井、泉、田等小微湿地群与乡村耕地和聚落镶嵌交错分布（图7-3），具有典型的丘区湿地结构特征（图7-4）。

图 7-2　清水湖国家湿地公园现状

图 7-3　从清水湖国家湿地公园的军营寨俯瞰老赢村（塘、渠、沟、堰小微湿地群）

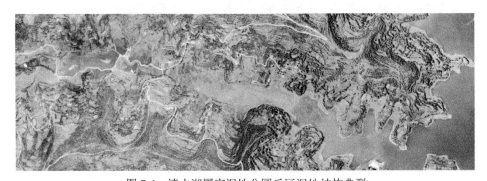

图 7-4　清水湖国家湿地公园丘区湿地结构典型

　　清水湖国家湿地公园湿地类型丰富（图7-5），包括库塘湿地、永久性河溪湿地、季节性河溪湿地、洪泛湿地等。湿地资源特色明显，湖、半岛、湾、塘、林、山，以及深丘、浅丘、台地、平坝镶嵌分布，景观层次分明，生态序列明显，空间环境异质性高。双井村、老赢村库湾湿地发育良好，湿地景观资源丰富。

图 7-5　清水湖国家湿地公园典型的乡村库塘湿地

　　清水湖国家湿地公园范围内湿地资源和生物多样性丰富。湿地公园范围内共有维管植物 125 科、290 属、370 种，其中蕨类植物 14 科、16 属、23 种，裸子植物 6 科、8 属、8 种，被子植物 105 科、266 属、339 种；湿地公园共有水生维管植物 36 种。湿地公园内乡野杂草资源丰富，是宝贵的乡野杂草基因库。湿地公园共有鸟类 128 种，属 17 目 47 科，其中国家二级保护野生动物 9 种，即凤头鹰（*Accipiter trivirgatus*）、松雀鹰（*Accipiter virgatus*）、雀鹰（*A. nisus*）、黑鸢（*Milvus migrans*）、灰脸鵟鹰（*Butastur indicus*）、普通鵟（*Buteo japonicus*）、红隼（*Falco tinnunculus*）、斑头鸺鹠（*Glaucidium cuculoides*）、鸳鸯（*Aix galericulata*）。

第二节　修复目标

2013 年，清水湖被国家林业局批准成为国家湿地公园建设试点。自此，营山县开始了对清水湖湿地公园发展定位的思考。营山县委、县政府审时度势，务实地提出了发展乡村湿地旅游及乡村湿地产业的功能定位。尽管当时国内绝大多数国家湿地公园的湿地资源利用都比较单一地定位于旅游发展（谢宝东，2019），但国家林业局已开始思考生态旅游以外的湿地公园合理利用方式，如湿地农业及湿地产品加工等。从清水湖国家湿地公园所在的区位条件、资源条件等方面综合考虑，提出乡村湿地旅游的定位无疑是恰当的，但并没有全部包含乡村湿地资源的开发要义。

就湿地资源的利用方式来说，乡村湿地资源的利用是一个综合性产业的发展，包括湿地农业、湿地产品加工、湿地生态旅游、湿地创意文化产业等，这就是乡村湿地产业的引导（袁兴中，2021）。放大到生态文明时代乡村振兴的大背景来看，乡村湿地产业是乡村生态振兴的重要组成要素。在全球变化背景下，以乡村湿地产业为核心内容之一的乡村生态振兴必然导致乡村产业、乡村文化、乡村人居环境发生巨大的变化，形成乡村生态振兴的良好态势。

清水湖乡村湿地生态修复的目标是：①修复乡村湿地，重建丘区乡村小微湿地系统；②保护乡村之肾，建设乡村海绵家园示范区；③发展产业景观，打造乡村湿地生态经济示范样板。

第三节　清水湖乡村湿地生态系统修复设计与实践

一、丘区乡村生态修复技术

研究区域为川东北典型的丘陵区域，丘区湿地特征典型。丘区乡村湿地不同于东北三江平原辽阔幽深的沼泽湿地和长江中下游平原的烟波浩荡的湖群湿地，也不同于青藏高原和云贵高原磅礴大气的高原湿地。丘区乡村湿地的最典型特征就是其空间上的不连续性，即以乡村小微湿地为主体的丘区湿地在空间上呈离散分布。

在地形复杂破碎的低山丘陵地区，小微湿地群在结构上呈现出小家碧玉式的美感，同时具有重要的生态服务功能。基于对丘区湿地、乡村小微湿地群结构特征和功能机理的深入研究和解读，结合清水湖及周边湿地资源禀赋的实际，提出了丘区乡村湿地生态设计的三个模式。

（一）以塘为核心的乡村小微湿地群模式

逐水而居，临水而憩，是乡村人居选址的传统（李伯华等，2018），其中一个很重要的原因便是能够就近取水灌溉农田。但是，随着人口增长和发展，一些农田逐渐远离水源，这就需要兴建引水灌溉工程。于是，古人凿井挖塘，建造了很多人工水塘（袁兴中，2017），用以储蓄水；修造沟渠，用以输送水源（Herzon and Helenius，2008），由此形成乡村的小微湿地系统。在营山县清水湖及周边的乡村小微湿地修复中，提出整合及优化以塘为核心的"沟、渠、塘、堰、井、泉、溪"各要素，由丘区乡村的水塘（包括山坪塘）、井、溪流、沟渠、梯田组合而成乡村小微湿地群（图7-6）。

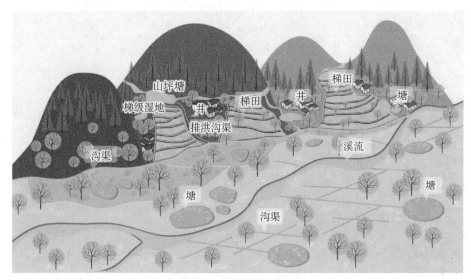

图7-6 乡村小微湿地群模式

在乡村中随处可见的水塘，除了发挥乡村农业生产中调蓄水源、灌溉、养殖、水源涵养等功能，更具有生境保育、水质净化、滞洪缓流、环境优化的生态功能（Biggs，1991；王沛芳等，2006）。同时，人们充分利用自然资源，在塘基上种植具有经济价值的果树和农作物；依据不同的自然地理条件，塘的形态结构和建造技术各异，最终形成了形式多样、功能丰富的乡村水塘系统（俞孔坚等，2016）。这种人与自然在长久的协同共生过程中产生的生态智慧，为农业生产、乡村生境、乡村人居、乡村文化的发生和发展提供了恒久的载体。在营山县的乡村湿地修复中，借鉴中国乡村的塘智慧（袁兴中等，2017），融合湿地生态工程技术，设计创立了多功能乡村湿地塘系统（图7-7）。

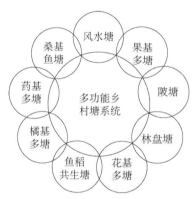

图 7-7　乡村多功能湿地塘系统组成

通过乡村小微湿地群的设计实施，将原本结构与功能单一的乡村湿地，营建成为耦合乡村智慧、乡村产业、乡村文化风俗于一体的多功能湿地生态系统。形成结构完整的由塘、田、沟、堰、井、泉、溪组合而成的环湖丘区湿地单元，体现川东北丘区乡村湿地的空间格局和风貌色彩。

乡村湿地中，由塘、沟渠、溪流、水田、湖、河、井、泉等构成了乡村小微湿地网络的基本要素，为喜水湿的动植物提供了各种类型的生境，维育着极高的乡村生物多样性。因此，在清水湖及周边的乡村湿地生态修复中，将以塘为核心的乡村小微湿地群的建设与生境功能融合，形成各种类型的小微湿地生境，提高乡村生物多样性。

（二）"丘-田-林-塘-居"丘区湿地模式

丘区湿地通常由丘坡、丘顶、丘麓围合丘间水塘、丘间湿洼地、丘间沼泽组成，这样的湿地单元典型地重复出现在丘陵区域。在营山县清水湖及周边的乡村湿地修复营建中，作者提出了"丘塘林居"模式（图7-8）。典型的丘陵地貌单元包括丘顶、丘坡、丘麓和丘间，通常聚落位于丘麓，丘间为"冲田"，种植水稻或者其他湿地作物、湿地蔬菜，为典型的丘间湿地；在聚落单元的房前屋后林木环绕，房前或屋后有水塘分布，并与沟渠相连，水塘与冲田相连。丘坡上是典型的梯田或梯级旱地，在丘坡或丘顶有时修筑有山坪塘。丘区的水塘有多种形态，位置各异，通常位于丘顶或丘坡，以及冲田上部的水塘，其功能主要满足对湿地单元的供水，起着供水调控作用；而在冲田下部或聚落旁边的水塘，则起着污染净化及在雨洪季节滞洪缓流的作用。

图7-8 "丘-田-林-塘-居"模式

根据营山县清水湖及周边地形及水资源条件，营建典型的丘-田-林-塘-居，形成乡村人居系统、生产系统与丘区乡村小微湿地系统的耦合体。

（三）乡村林泽模式

森林沼泽是最富有魅力的湿地类型，其灵动的水体和婀娜多姿的林木相映成辉。从美国密西西比河口三角洲面积达上万平方公里的淡水沼泽林，到中国云南高原的柳树林泽和青藏高原雅鲁藏布江的杨树林泽，色彩多姿，层次丰富。基于清水湖一些湖湾的地形、水资源及环境条件，适应清水湖水位变化，提出在清水湖老赢村湖湾营建乡村林泽的构想（图7-9）。东以保护保育区与山水林田湖示范区的功能区边界为界，处于南北丘陵的中间地带，面积约 66.67hm^2。

图 7-9　清水湖乡村林泽实施范围

乡村林泽设计目标是：①构建人与自然和谐共生的湿地林泽系统；②以林泽为特色，融观赏、游憩、科普宣教、生态旅游为一体；③展示川东北乡村湿地、乡村生境等乡村元素，给予人们回归乡村自然的体验。

林泽工程设计包括三个部分：绿野林泽、林泽寻幽及云梦之林（图 7-10）。三大主题自西向东过渡，由疏林草丘到幽静的寻幽密林，再到疏林林泽，以曲折的亲水栈道将三大林泽主题串联（图 7-11）。或稀疏或密集的湿地乔灌木呈现出丰富的层次感，具有季相变化的彩叶树种营造出引人入胜的湿地景观。在局部节点以栈道围合一个个闭合空间，内部种植漂浮植物和挺水植物，搭配疏密渐变的林泽，营造出既幽静又富有活力的林泽景观。

图 7-10　清水湖老赢村库湾乡村林泽鸟瞰效果图

(a) 总体效果图

(b) 局部效果图

图 7-11　清水湖老赢村库湾乡村林泽效果图

　　林泽树种选择应适应水库水位变化，栽种耐水淹的落羽杉（*Taxodium distichum*）、池杉（*Taxodium ascendens*）、水松（*Glyptostrobus pensilis*）等针叶树种和乌桕（*Sapium sebiferum*）、加拿大杨（*Populus canadensis*）等阔叶树种，以及秋华柳（*Salix variegata*）、南川柳（*Salix rosthornii*）、中华蚊母（*Distylium chinense*）等耐水淹灌木，形成层次结构复杂、季相色彩丰富的乡村林泽。在发挥景观美化作用、成为川东北地区独具特色的乡村湿地游览对象的同时，让林泽成为丘区生物多样性的富集区域（包括水上生态空间和水下生态空间）、清水湖水质的净化区域。此外，林泽树种选择还依据鸟类栖息地营造的食源需求，配置多种浆果类灌木，阔叶树种和针叶树种合理搭配，常绿树种和彩叶树种有机结合。在林泽中随意放置少量枯木或树桩，除了能为鸟类提供站杆和栖木，其根部多孔隙空间可为水中的无脊椎动物、鱼虾等提供栖息空间，以此提高场地的生物多样性。

　　林泽-岛屿-林窗综合设计（图 7-12）：在林泽内部堆置岛屿，形成若干小岛组成的生境岛群，总面积约 1.33hm²，每个岛屿面积为 10～20m²。在岛屿边缘稀疏点缀耐水湿灌木，如柽柳（*Tamarix chinensis*）、桑树（*Morus alba*）等，岛屿上的草本植物以自然恢复为主，形成异质性高的湿地生境。同时在林泽内部营建若干林窗，林窗总面积约 2hm²，用耐水淹的乔木围合明水面，使林泽内部形成一个个开敞空间，营造出多样化的林泽生境，为湿地动植物提供丰富的栖息环境。

图 7-12　清水湖林泽-岛屿-林窗效果图

　　耐水淹的湿地乔木和灌木以 4m×4m 的平均株距进行自然式种植，以落羽杉、池杉、杨树为主，搭配乌桕，针叶树种和阔叶树种比例为 6∶4。乌桕所具有的季相变化，丰富了景观层次，形成幽静的浅水森林。

　　构筑溢洪道和潜坝。适应清水湖的水位变化，在高水位期林泽树木能够耐受水淹。此外，为了应对极端灾害性天气（如极端干旱和洪涝灾害）的影响，在老赢村林泽营建区的右侧修建平均宽度 3m、深度 2m 的溢洪道。同时，自西向东构筑三级潜坝（图 7-13），潜坝以当地黏土夯筑，坝顶宽 1.2m，高出水面 50cm，起到局部拦蓄水的作用，在干旱时期发挥蓄水作用，保证林泽的生态需水。

图 7-13 清水湖林泽潜坝效果图

二、乡村海绵家园修复技术

习近平总书记指出"注重系统治理，统筹山水林田湖各要素。要牢固树立山水林田湖是一个生命共同体的系统思想，把治水与治山、治林、治田有机结合起来，从涵养水源、修复生态入手，统筹上下游、左右岸、地上地下、城市乡村、工程措施非工程措施，协调解决水资源、水环境、水生态、水灾害问题。要强化河湖生态空间用途管制，打造自然积存、自然渗透、自然净化的'海绵家园''海绵城市'"。目前，住建部已发布海绵城市的相关技术规范，2015 年由住建部和水利部联手推动的海绵城市示范建设首批 16 个城市已经全面启动建设（翟宝辉，2016；李兰和李锋，2018）。但作为流域和区域可持续发展的细胞单元——海绵家园建设，迄今，缺乏技术规范和示范建设。因此，以清水湖国家湿地公园为载体，在老赢村及双井村实施"乡村海绵家园"示范建设具有重要意义。

乡村海绵家园是针对乡村水资源管理、环境美化、院落经济发展等方面提出的一个综合性生态策略。乡村海绵家园的设计主要针对以下六个方面的功能。

（一）乡村雨洪管理

以"沟、渠、塘、堰"小微湿地网络构建乡村雨洪管理系统，充分挖掘乡村生态智慧和传统文化遗产，如陂塘、风水塘、水圳等中国乡村不同时期的水塘智慧（袁兴中等，2017），融合新型生态工程技术，建设新智慧型乡村雨水花园，构建以塘、堰储水蓄水调水，以沟、渠排涝排洪利水，"沟、渠、塘、堰"相互连通的雨洪管理系统（图7-14）。

图7-14 "沟、渠、塘、堰"微型湿地网络构建的乡村雨洪管理系统示意图

（二）乡村污染控制

发挥以塘、堰为主的小微湿地系统的污染净化作用，融合新型生态工程技术手段，建设新智慧型乡村人工湿地塘，构建以塘、生物沟为主体的乡村污染控制系统（图7-15）。

图7-15 以塘、生物沟为主体的乡村污染控制系统示意图

（三）乡村水源涵养

乡村是流域生态系统的细胞单元，对流域水源涵养具有至关重要的支撑作用。除了乡村周边的森林灌丛及湿地以外，在乡村聚落内外营建各种类型的小微湿地，进行雨水调蓄、污染净化与水源涵养，是乡村海绵家园建设的重要目标。在乡村海绵家园中，构建"塘-堰-浅水沼泽"的小微湿地网络，能充分提供补给生态需水与净化水质的功能。

（四）乡村环境优化

乡村人居环境质量是当地农民健康生存的基本保障，美好、健康的乡村人居环境一定是与水和湿地相关联的。传统农耕时代的乡村聚落环境，有着许多富有生态智慧的湿地元素，如风水塘、水圳、桑基鱼塘、林盘塘等，通过这些小微湿地的建设，可优化和提升乡村人居环境质量。

（五）乡村生境保育

如果说森林是乡村之肺，湿地是乡村之肾，那么生物多样性就是广大乡村区域的免疫系统。各种类型的植物、动物，需要大量异质性高的生境空间，尤其是在水平镶嵌格局上。"沟、渠、塘、堰、井、泉、溪"丘区乡村小微湿地网络，为喜水湿的动植物提供了各种类型的生境，维育着较高的乡村生物多样性。

（六）庭院微型经济

庭院微型经济是指农户充分利用家庭院落空间、周围空坪隙地和各种资源，从事农业生产的一种经营形式，主要有种植业和养殖业（袁兴中等，2014）。在庭院经济中，微型湿地经济单元的利用是维持海绵家园可持续性的重要人类活动。以篱笆系统围隔的水生蔬菜种植田、水生动物养殖塘成为庭院微型湿地经济的重要组成部分。

三、湿地产业景观系统

湿地是地球之肾、自然资源、自然资产，也是生产要素。对湿地认识的深入，推动我们从单纯注重保护，走向保护-恢复-利用有机结合。保护生命之源，恢复自然之肾，利用自然资产；保护可为人类提供生命支持系统；恢复可为我们优化人居环境；利用则是为长远生计、永久可持续。为此，我们提出了乡村湿地产业景观系统的策略（图7-16），将湿地的产业功能、景观观赏和游憩功能有机融合，这既是嘉陵江流域和川东北区域生态文明的重要支撑，也是营山县乡村生态振兴的细胞工程。

图 7-16　乡村湿地产业景观系统组成

营山县湿地产业景观系统的建设目标，是构建具有川东北丘区特色的综合性湿地产业基地，并形成具有鲜明地域特征的乡村湿地生态经济示范。因此，要有机结合湿地生态产业、乡村经济发展和湿地资源保护，以乡村湿地为载体发展集湿地农业、湿地农林复合产业、湿地花卉苗木产业、湿地生态旅游业、湿地产品加工业、湿地创意文化产业为一体的综合性生态产业，构建湿地生态保护、湿地资源合理利用与湿地产品开发有机结合的乡村湿地产业景观系统。

第四节　清水湖乡村湿地生态系统修复效果评估

自 2014 年以来，在四川省营山县清水湖及湖周乡村所进行的湿地生态修复实践结果表明，修复后的清水湖生态环境效益、经济社会效益明显，极大地优化了乡村人居环境，营山县清水湖片区真正成为乡村湿地生态修复与可持续利用的样板。

（1）乡村小微湿地群成为乡村生态基础设施的重要细胞单元（图7-17），发挥了涵养水源、调节气候、净化污染、保育生物多样性、提供湿地产品、美化环境的重要生态功能。

图 7-17　清水湖湖周乡村小微湿地

（2）丘区湿地的营建取得了明显成效。丘顶、丘坡、丘麓、丘间形成了乡村立体小微湿地结构，丘区小微湿地农业、小微湿地观光旅游、小微湿地休闲游憩、小微湿地民宿及小微湿地自然教育产业取得初步成效（图 7-18）。

图 7-18　丘区小微湿地产业

（3）挖掘乡村生态智慧，在乡村水塘营建及乡村调水、控水、输水等水生态建设中，打造以塘为核心的"立体山坪塘"模式和"长藤结瓜式"输、蓄、调水模式。

（4）修复后的老赢村乡村林泽形态自然优美（图7-19），已经成为鸟类栖息越冬的优良场所，也成为川东北宜人的乡村休闲游憩和生态旅游场所。

图7-19　清水湖老赢村林泽景观

（5）乡村海绵家园建设大大优化了乡村人居环境质量，为乡村人居环境建设提供了可参考的良好模式。依托清水湖老赢村的几个库湾，利用当地农民的聚落，营建的海绵家园，发挥了乡村雨洪管理、乡村污染控制、乡村水源涵养、乡村环境优化、乡村生境保育、庭院微型经济等生态服务功能。

第五节　小　　结

　　乡村振兴是党的十九大以来，以习近平同志为核心的党中央做出的重大战略部署。生态振兴是乡村振兴的前提和基础，是践行"两山论"、走深走实"两化路"的关键步骤。农业是生态产品的重要供给者，乡村是生态涵养的主体区，生态是乡村最大的发展优势，实施乡村振兴战略，必须坚持人与自然和谐共生，走乡村绿色发展之路。基于四川营山县清水湖片区的生态本底及资源禀赋，提出了乡村湿地生态修复及湿地生态产业发展的定位。营山县清水湖片区的乡村湿地生态修复，借鉴乡村传统生态智慧，修复重建乡村小微湿地群，建设丘区乡村立体小微湿地结构，打造以塘为核心的"立体山坪塘"模式和"长藤结瓜式"输、蓄、调水模式，乡村林泽成为乡村生态旅游和乡村生物多样性保育的重要场所，乡村海绵家园建设大大优化了乡村人居环境质量。湿地生态修复与可持续利用已经成为乡村生态振兴的重要内容。

　　今后，还需要进一步探索，如何以乡村湿地生态系统为载体，将以湿地修复和湿地资源可持续利用为核心的乡村生态、乡村产业、乡村旅游、乡村文化、乡村民宿、乡村人居环境优化有机融合，挖掘乡村生态智慧，形成独具特色的乡村湿地生态体系和湿地产业体系，让湿地修复与利用助力乡村绿色发展。同时，应当进一步探索如何在丘陵区域构建林-草-湿一体化格局，形成多层次、多维度、多产业的农-林-湿综合性生态产业系统，并建成可复制推广的乡村湿地生态修复及生态发展的产业模式与技术体系。

第八章　岭南农耕智慧——广州海珠垛基果林湿地修复

　　海珠湿地位于广州市中央核心城区，是珠江三角洲河涌湿地、城市内湖湿地与半自然果林镶嵌交混的复合湿地系统，保存了丰富的岭南水果种质资源，以及独具特色的岭南水乡文化。作为地处珠江三角洲大都市核心区域的半自然果林-河涌-湖泊复合湿地生态系统（丛维军，2005），湿地资源独特、景观优美，形成了湿地自然景观和人文景观镶嵌互补的风景资源体系。海珠湿地的万亩[①]果园是发育于珠三角河涌湿地基础上的半自然果林，见证了三角洲河涌湿地的演变过程。自 2012 年成功申报国家湿地公园以来，海珠区为保护湿地做出了巨大努力，半自然果林湿地、退化河涌湿地得到较好的恢复。但是，由于数百年来果林生产功能的单一性，以及位于城市中央所受到的巨大人为干扰，原有的果林-河涌沟渠复合湿地系统被弃置抛荒，泥沙淤积，涌壕沟渠被填埋、淤堵，甚至部分消失，涌沟内水质较差，功能退化。海珠湿地的半自然果林-河涌沟渠区域群落类型及结构层次单一，生物多样性较贫乏，生态服务功能衰退。

　　在一个大都市区的核心区域，将 1 万多亩半自然果林划入湿地公园，将 1100hm² 土地完全作为生态用地，以生态保护为主，既符合生态文明建设的大方向，又为广州市民带来了福祉（黄慧诚和黄丹雯，2017）。但如何让海珠湿地（尤其是传统垛基果林）提供更优质的生态产品？围绕国土空间如何让城市人民生活得更幸福，如何极大地提升生物多样性、优化生态系统服务功能这一总体目标，作者所在团队从 2016 年以来持续开展了海珠半自然果林-河

---

① 　1 亩≈666.7m²。

涌复合湿地生态系统研究，重点针对垛基果林湿地这一岭南农业文化遗产，在海珠湿地的小洲片区，重点选择了约 20hm² 传统垛基果林开展了恢复实践研究。本章以海珠垛基果林湿地生态系统为对象，在阐述珠江三角洲传统垛基果林概念、特点的基础上，从多功能、多效益角度，论述了垛基果林湿地的设计框架和恢复效果评估，可为受人为干扰强度较大区域的国土景观中湿地农业文化遗产的保护、恢复和可持续利用提供科学依据和技术参照。

第一节　研究区域概况

一、自然环境概况

研究区域位于广州海珠国家湿地公园内，地处广州市中心的海珠区东南部最繁华的地段，中央核心城区最大的江心洲上，同时也位于广州新中轴线南端，地理位置为 113°18′40″～113°21′50″E，23°02′58″～23°04′53″N，是广州规模最大、保存最完整的生态绿洲，被称为广州的"南肾"。广州海珠国家湿地公园可划分为两种地貌类型，即冲积平原和花岗岩台地。冲积平原区属于珠江三角洲平原的一部分，地势低平，由河流相、滨海相相互作用，冲积和淤积而成，局部分布剥蚀残丘；花岗岩台地散存在冲积平原中，大多由花岗岩和少量红色岩系组成。气候属南亚热带海洋性季风气候，光照充足、雨量充沛、年温差小、干湿季节明显。土壤为三角洲沉积土，属潮土类型的湿潮土亚类。

海珠湿地属于珠江水系，水源补给主要来自与珠江连接的感潮河涌——石榴岗河，进入海珠湖后，经西碌涌和北濠涌流入珠江后航道。海珠湿地的水源补给，包括感潮河道潮汐水和大气降水。潮汐为不规则半日潮，年平均涨潮、落潮潮差均在 2.0m 以下。潮汐水主要由石榴岗河流入，在海珠湖停留后，经西碌涌和北濠涌流入珠江；在海珠湿地内的潮汐水分配，主要由两端与石榴岗河连接的土华涌实现，全长 4.2km 的土华涌河道上连接着东头滘涌、西头涌、西江、芒滘围涌、新围涌和黄冲涌等 6 条河涌，在湿地内通过独具岭南水乡特色的三角洲湿地网络进行水资源的进一步分配。

二、湿地资源状况

海珠湿地的土地总面积为 1100hm²，其中，湿地 937.46hm²，湿地率达 85.22%。海珠湿地内源于珠江水系潮汐涨落的水流，形成纵横交错的河流、河涌网络和沟渠，湿地资源丰富。可把海珠湿地划分为自然湿地和人工湿地两大类。自然湿地包括三角洲河涌湿地、滩涂湿地；人工湿地包括库塘湿地（主要是海珠湖）、输水渠和稻田。

海珠湿地类型的划分很难从现有湿地类型划分标准的角度精确界定并精准理解海珠湿地这一自然-文化遗产的特质和内涵。为了解、阐释海珠湿地的魅力，综合地理学、湿地学、生态学的相关知识，把海珠红线范围内除河涌、库塘、稻田湿地外的湿地区域，即涌沟-半自然果林所在的区域，命名为"垛基果林湿地"（raised field agroforestry wetland）。

几百年前，劳动人民在河网水系发达的珠江三角洲低平河涌区域，挖沟排水，堆泥成垛，垛基上种植荔枝（*Litchi chinensis*）、龙眼（*Dimocarpus longan*）、黄皮（*Clausena lansium*）、阳桃（*Averrhoa carambola*）等热带果树，形成垛上果林，故名"垛基果林"（图 8-1；袁兴中等，2020；范存祥等，2022）。这是应对三角洲低平区域洪涝灾害和充分利用水土资源的传统湿地农业。本书作者认为，垛基果林湿地就是指在开阔平缓区域，利用开挖网状沟渠的泥土堆积而成的台状高地，在垛基上种植果树成林，河涌沟渠环绕垛基果林形成的湿地类型。垛基果林湿地是"基、果、水、岸、生"协同共生及独具特色的岭南农业湿地。

岭南垛基果林湿地与长江三角洲江浙一带的"垛田"极其相似。众所周知，垛田是江浙一带水网地区独有的土地利用方式与农业景观（卢勇，2011；胡玫和林箐，2018）。江浙农民在湖荡沼泽地带将开挖的网状深沟或小河的泥土堆积成垛，垛上耕作，形成垛田。垛田地势较高、排水良好、土壤肥沃疏松，宜种各种旱作物，尤适于生产瓜果蔬菜。兴化城东的垛田镇境内是垛田保存最好、最集中的地区，至今仍有数万亩垛田。江苏省中部地区里下河腹地的兴化垛田传统农业系统于湖荡沼泽之中堆土成垛，垛上种田，既能抵御洪水又能使地貌秀丽。垛田大者两三亩，小者几分、几厘，垛与垛之

图 8-1　海珠国家湿地公园内的垛基果林湿地

间四面环水各不相连，形同海上小岛的台状高地。垛田物产丰饶，别具特色，江苏省中部地区目前约有 6 万多亩垛田，分布在缸顾、李中、周奋、西郊、林湖、沙沟等乡镇。作为我国湖荡沼泽地带独有的一种土地利用方式与农业景观，2013 年、2014 年兴化垛田先后被遴选为"中国重要农业文化遗产"和"全球重要农业文化遗产"（GIAHSG）（卢勇和王思明，2013；Bai et al.，2014；Renard et al.，2012）。

长江三角洲江浙区域的垛田，因垛上是"田"故名"垛田"，实际上，这是典型的"垛基农田"，是一种江南农业湿地形态，而珠江三角洲的垛基果林湿地则是应对三角洲低平区域洪涝灾害和充分利用水土资源的传统农事作业方式，这种农事作业方式经长期演变，存留至今，形成宝贵的岭南传统农业文化遗产——"岭南垛基果林湿地"。岭南垛基果林湿地是在降水充沛的南亚热带岭南低平地区，在三角洲河涌水动力驱动条件下，融合当地农民合理排水、灌水、利水、用水、调水的水智慧及岭南林-果-农-渔复合经营的生态智慧，在水网发达的河涌区域，堆垛形成台状高地，被河涌沟渠环绕，即在"自然-人工"二元要素驱动下发育形成的湿地。

三、传统垛基果林湿地的困境

改革开放以后，珠江三角洲经济迅猛发展，由于位于城市中心区域，海珠原有的垛基果林大多被弃置抛荒，在无人管护的情况下形成了半自然生态系统；尽管大面积垛基果林得到保留，但是由于泥沙淤积、水质污染，系统内涌壕沟渠被填埋、淤堵，甚至部分消失，现存涌沟内水质较差，原有不同级别大小的疏排水沟渠与果林形成的完整生态网络结构受到破坏，功能退化。海珠垛基果林区域群落类型、结构层次单一（图8-2），生物多样性较贫乏，生态服务功能低下。

图 8-2　结构和功能退化的海珠垛基果林（林下植物种类贫乏，沟渠堵塞）

2011 年海珠区湿地管理部门对所辖范围内原属村集体管辖的万亩果园进行了征用，但采取只征不转的管理模式，即征地统一管理，但不改变农地性质，在海珠区湿地管理办公室所管辖的 1100hm² 土地中（其中，海珠国家湿地公园面积为 869hm²），垛基果林（即通常说的万亩果园）约占 700hm²。在 2011 年以前，这一片国土空间完全属于都市城中村的农用地，为当地村民粗放式管理的半自然状态的垛基果林。2012 年成为国家湿地公园建设试点后，只征不转的 700hm² 垛基果林土地作为生态用地，国土空间的用途及功能发生了明显转变，即由过去粗放的农业生产功能为主，转向以生态保护为主。由于对生态服务功能的需求居于主导地位（谢慧莹和郭程轩，2018），原有的生产功能退居其后。只征不转的管理模式，使这片国土空间面临着生态服务功能需求与果林种植传统农业的冲突与困境。

第二节　修　复　目　标

国土空间规划强调生态优先，实现国土空间的多功能需求，满足党的十九大报告提出的"既要创造更多物质财富和精神财富以满足人民日益增长的美好生活需要，也要提供更多优质生态产品以满足人民日益增长的优美生态环境需要"。海珠对垛基果林只征不转的管理模式，符合生态文明建设大方向，只征不转意味着不能改变土地的农用性质，然而，试点区域是大都市核心区的重要生态空间，其生产功能已退居次要地位，如何让海珠半自然垛基果林提供更加优质的生态服务功能及生态产品已成为管理者的主要诉求。海珠只征不转的国土空间所面临的冲突与困境的解决之道，就是国土空间多功能需求的实现路径。海珠只征不转国土空间的多功能需求包括：提升生物多样性、净化空气和水质、改善局地气候、涵养水源和保持水土、美化优化景观及提供生物产品（如水果）。如何实现上述多功能需求目标，极大地提升生物多样性、优化生态系统服务功能（Mitsch et al.，2008），是岭南传统农业文化遗产——垛基果林所面临着重大的机遇和挑战。

基于对岭南传统垛基果林特征、结构与功能的深入解读，针对只征不转国土空间的生态服务功能需求，作者所在团队提出以"垛基果林湿地"模式，进行传统垛基果林的改造优化及功能提升。从 2017 年开始至今，在海珠湿地开展了垛基果林湿地修复实践研究，以提供更多优质生态产品为根本，围绕海珠垛基果林多功能需求目标，探索垛基果林湿地保护与恢复的关键技术，将传统生态智慧融入湿地保护与恢复之中，优化海珠垛基果林湿地生态系统结构和功能，丰富和提升生物多样性，以垛基果林改造修复、河涌水网湿地恢复为重点，进行海珠垛基果林湿地生态系统整体设计，使海珠垛基果林湿地呈现出生命智慧、生态智慧和人文智慧交融的魅力。

第三节　垛基果林湿地生态系统修复设计与实践

一、设计框架

垛基果林湿地概念的提出，丰富了珠江三角洲湿地保护的内涵和外延。为阐释海珠湿地的魅力，基于生态系统整体设计原理，作者提出了"基、果、水、岸、生"五素同构的垛基果林湿地生态系统设计的概念构架（图8-3）。

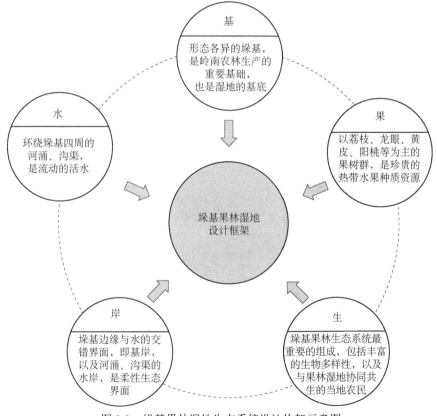

图8-3　垛基果林湿地生态系统设计构架示意图

　　垛基果林湿地是岭南热带果林-湿地复合生态系统，是重要农业文化遗产。综合考虑"基、果、水、岸、生"各要素的协同共生，其恢复主要包括以下七个方面：①垛基果林形态及结构设计；②垛基果林疏伐；③垛间水道拓展；④果林植被结构优化；⑤果林开敞空间多塘湿地恢复；⑥果林开敞空间浅水沼泽恢复；⑦果林区域河涌-渠系网络恢复。

　　（1）基：形态各异的垛基，它是岭南农林业生产的重要基础，是湿地生态系统的基底。

　　（2）果：是海珠垛基果林区域，以荔枝、龙眼、黄皮、阳桃等为主的果树群，是珍贵的热带水果种质资源。

　　（3）水：环绕垛基四周的河涌、沟渠，是流动的活水。

　　（4）岸：包括每一个垛基边缘与水的交错界面，即基岸，以及河涌、沟渠的水岸，这是一个柔性生态界面，多以生物柔性水岸为主。

　　（5）生：是垛基果林生态系统最重要的组成，既包括垛基果林生态系统中丰富的生物多样性，如垛基上多样的维管植物，河涌、沟渠中的水生生物，垛基果林生态系统中各种各样的脊椎动物（两栖类、爬行类、鸟类、哺乳类）和无脊椎动物（蝴蝶、蜻蜓等昆虫），也包括与果林湿地协同共生的当地农民。

二、修复技术及实践

（一）垛基果林湿地修复

1. 形态、结构设计及修复

　　为满足海珠湿地的生产、文化与生物多样性等生态系统服务功能的综合提升，除保留小部分原生形态的果林以外，还需要改造恢复垛基果林湿地（唐虹等，2018），以及优化过去单一规整的果林形态和结构及单一化的果树品种。垛基果林湿地是海珠国家湿地公园最重要的湿地类型，对其进行生态修复，既是对过去几百年来在珠三角河涌区域形成的果林生态智慧的继承，又有机结合了珠三角河涌水网与湿地的空间与功能特征，是具有独特创新价值的岭南湿地景观类型（图8-4）。

图 8-4　垛基果林湿地结构设计意向图

结合水系改造，对垛的形态做改良和优化。改造之后，外部形态看似果林，进入其中给人的感觉是典型的湿地。总体上保留垛的形态，但设计和恢复实践中将垛的边缘进行蜿蜒处理，垛与垛之间的水道相互连通，形成完整的水网体系。

2. 垛基果林疏伐

现有垛基上的果树密度太大，景观结构较差，且不利于林下植物的生长，因此林下草本植物种类稀少。通过对垛上果树进行适度疏伐，营造垛上稀树景观，形成疏林垛田景观。疏林垛田景观的恢复，增加了果林内部的光照，使得林下草本植物更好地自然生长（图 8-5），由此吸引更多的昆虫等无脊椎动物和以草籽为食的鸟类。光照条件的改善，也使得疏伐之后的果树能够更好地生长，水果品质得到保障。疏伐后，每个垛上根据实际面积大小可保留 1～3 排果树。由于鸟类的生存需要一些密林环境，以形成鸟类的食物仓库，因此，应保留少部分过去密植的果林团块，形成疏林与密林有机结合的垛基果林生境。

图 8-5　垛基果林疏伐后林内光照条件改善，草本植物生长繁茂

3. 垛间水道拓宽及修整

对垛间沟渠进行适度扩挖，对淤积的垛间沟渠进行生态清淤，形成垛间清晰可见的明水面空间。各个垛应力求形态多样，从空中、地面、水上均可观察到独具特色的垛田型果林湿地（图 8-6），并形成适于鸟类、鱼类生存的生境空间。垛间沟渠扩挖不应对大的水系形态做改变，垛与垛之间的连接（满足管理者和巡护人员通行需求）以果林内废弃的木质物（各种果树的枯枝干等）为材料，建设与环境相融合的小桥，既形成景观结构，又能发挥生境功能。

(a) 垛间水道拓宽施工过程

(b) 垛间水道拓宽后呈现出多样化的形态

图 8-6　垛间水道拓宽

4. 果林植被结构优化设计

通过营建层次丰富、种类多样的植物群落，丰富海珠垛基果林湿地的生物多样性。在垛与垛交汇处、林窗边缘和开阔水面水岸边缘等，种植本地高大乔木，从而丰富群落结构（图8-7）。植被结构优化以稀疏种植本地乡土乔木、灌木等木本植物为主，如水石榕（*Elaeocarpus hainanensis*）、水蒲桃（*Syzygium jambos*）、榔榆（*Ulmus parvifolia*）、乌桕、水黄皮（*Pongamia pinnata*），草本植物以自然恢复为主。

图8-7　修复后垛基果林植被结构得到优化

5. 果林开敞空间恢复营建

营建果林内部的开敞空间，如果是陆地部分，可营建垛间荒野草甸，即隔离出人类无法干扰的地方，草本植物以自然恢复为主。在大多数果林内部的开敞空间，借鉴珠江三角洲桑基鱼塘理念（Chan，1993），进行果林开敞空间多塘湿地恢复和果林开敞空间浅水沼泽恢复（图8-8），以增加环境空间异质性、生境类型多样性，丰富湿地生物多样性及景观层次。

图 8-8　修复后的垛基果林湿地的开敞空间

6. 垛基果林区域河涌-渠系网络恢复

对那些河涌-沟渠退化或者淤塞严重的垛基果林区域，通过生态清淤和开挖，恢复河涌-渠系网络的水文联系，实现水系结构和水文功能联系。利用潮汐水文交换，通过河涌-沟渠水文及水动力恢复，进行河涌水网湿地恢复（图8-9）。通过潮汐水动力的引清调水工程的实施，使湿地公园内部的河涌网络水文交换得到保障，同时水质也得到改善。

7. 垛基果林柔性水岸恢复

水岸是水和陆地之间的重要生态界面，对水陆之间的物质迁移起着重要的调控作用，发挥着拦截地表径流、环境污染净化、生物多样性保育等生态服务功能。过去大多数河涌、沟渠的岸都较陡，对生硬的河涌水岸进行生态化改造，削缓坡面，让植物自然恢复生长，形成起伏、多样化的柔性水岸，营建海珠垛基果林湿地的柔性水岸（图8-10）。在河岸边生长的荔枝、番石榴（*Psidium guajava*）等植物的根系与河涌水岸有机融合，形成柔性植物水岸，植物的根系和根茎系统发挥着对鱼类等水生生物的多种生态功能，形成河岸及近岸水域的多孔穴空间，为鱼类提供食物和庇护及产卵场所。

图 8-9　修复后的垛基果林河涌-渠系网络

图 8-10　修复后的垛基果林湿地柔性水岸

（二）湿地鸟类生境修复

1. 垛基果林湿地区鸟类生境修复

针对海珠垛基果林湿地区以果林、河涌为主，缺少浅水区、滩涂、回水区、岛屿生境的特点，借鉴自然智慧，向自然学习，以自然之力和人工辅助手段，营造多种多样的鸟类生境，为鸟类提供栖息、庇护生境和食物资源。

1）恢复潮汐动力，营造河涌浅滩，修复水鸟生境

海珠湿地受珠江口潮水涨落的影响，为典型的感潮地区，周期性的潮汐动力及其所携带的泥沙对于海珠湿地内河涌滩涂的形成和动态维持起着至关重要的作用，而这些滩涂是水鸟（尤其是涉禽）栖息的良好场所。修复前，海珠湿地内的河涌修建了一些水闸，将潮汐与河涌相隔离。修复中，通过水闸、泵站等水利设施的联合调控，利用涨潮引珠江水入内河涌，恢复正常的潮汐水文及动力过程。利用潮汐水动力特性，以潮汐动力营造河涌浅滩。修复后，海珠湿地内的河涌滩涂得到恢复，滩涂上由潮汐动力所形成的潮沟、洼地、水坑等微地貌结构得以恢复重建，为底栖动物提供了良好的栖息生境，弹涂鱼也出现在恢复后的滩涂中。修复后的河涌滩涂为水鸟提供了优良的栖息生境，同时也为涉禽提供了良好食物条件（图 8-11）。

图 8-11　修复后受潮汐动力影响的河涌浅滩成为鸟类的优良生境（不同潮位时期的滩涂）

2）林-沼生境复合体营建，形成多种鸟类的栖息场所

在海珠湿地的小洲片区，对原有垛基果林进行修复，疏伐果林，形成果林间的开敞空间，对开敞空旷区域进行地形修复，形成果林间的大面积浅水区域。修复后，果林间浅水区湿地草本植物自然发育，成为典型的浅水沼泽，形成有利于鸟类栖息、觅食的生境。保留其旁边的桉树（*Eucalyptus robusta*）林，高大的桉树林及林下隐蔽空间为鸟类、小型兽类和爬行类提供了栖息和庇护场所，在此区域多次发现银环蛇（*Bungarus multicinctus*）、眼镜王蛇（*Ophiophagus hannah*）、滑鼠蛇（*Ptyas mucosus*）、灰鼠蛇（*P. korros*）等爬行类，浅水沼泽区有很多鹭类、斑嘴鸭（*Anas zonorhyncha*）、黑水鸡（*Gallinula chloropus*）等水鸟栖息。修复后，桉树林已经成为苍鹰（*Accipiter gentilis*）、雀鹰（*A. nisus*）等几种猛禽营巢的环境。为便于对该区域鸟类进行观察，利用果林产生的废弃树干、树枝等木质物和其他自然材料，构筑成与环境自然相融的扇形观鸟台（图8-12），在增加环境空间异质性的同时，提供了更为多样的微生境单元。扇形观鸟台具有多孔穴的地面和篱笆围栏结构，既保证了在林-沼生境中栖息的鸟类安全，又能在不惊扰鸟类的情况下方便人们进行观鸟活动，同时还是一处提供巢穴与庇护生境的"昆虫旅馆"。

图8-12 修复后的林-沼生境复合体

3）浅水沼泽-岛链生境复合体营建

在海珠湿地小洲片区，针对鸟类的生态习性，进行了浅水沼泽-岛链生境复合体的营建。同时，在垛基果林边缘的空旷地面，通过水下地形改造形成浅水区域，湿地草本植物自然发育，形成典型的浅水沼泽。在水下地形改造重塑过程中，将局部挖深和堆置相结合，堆置形成 20 多个面积大小不等的小型生境岛（图 8-13），岛的高度控制在高出涨潮时水面 50cm 左右。岛的边缘形成平缓地形，有利于游禽上岛栖息，岛的内部地形较平坦，岛内形成局部洼地。除了水上生境单元的营建外，利用果林枯枝在浅水区堆置岛状结构，随着潮水涨落的水位变动，岛状枯枝堆的水上部分成为鸟类栖息站立的结构物（图 8-14），水下部分则成为鱼巢，有利于鱼类的栖息和庇护。在浅水沼泽-岛链生境复合体营建的同时，进行水岸的柔性化处理，使得水岸蜿蜒，岸坡平缓自然过渡。在水岸一侧的高地，以果林枯枝修建围屋式观鸟屋。修复后，围屋式观鸟屋已经成为浅水沼泽-岛链生境复合体的有机组成部分（图 8-15），满足了游禽、涉禽、林鸟等多种鸟类的栖息、觅食需求，也使得鱼类多样性得到提高。

图 8-13　修复后浅水沼泽-岛链生境中的生境岛

图 8-14　修复后的岛状枯枝堆成为鸟类和鱼类的生境

图 8-15　修复后的浅水沼泽-岛链生境与围屋式观鸟屋

2. 海珠湖鸟类生境修复

1)"浮排"营建深水区草滩生境

在海珠湿地的万亩果林中,镶嵌着海珠湖。海珠湖宽阔的水面在发挥局地气候调节、景观观赏功能的同时,对于生物多样性保育也具有重要作用。起初,在开挖海珠湖时,并未考虑不同鸟类生态习性的差异,海珠湖及其湖中岛屿被营造成为深水陡岸环境,不利于涉禽栖息,使得游禽很难登陆陡岸栖息。针对海珠湖深水特点,提出以"浮排"营建深水区草滩系统,创新鸟类生境恢复技术。在湖心小岛(临近海珠区湿地管理办公室一侧)东侧沿陡岸边缘,以竹子为结构支撑材料,搭建人工浮岛——"浮排",浮排总面积接近 700m²,周围打桩固定,固定桩为直径 10cm 左右的木桩。在浮排上覆薄层种植土,其上种植芦苇(*Phragmites australis*)、野芋(*Colocasia antiquorum*)、灯心草(*Juncus effusus*)等挺水植物和湿生草本植物。自 2016 年浮排营建以来,浮排已被植物完全覆盖,形成了略高于湖水水面的浅滩植被。浮排的营建使得岛屿生态空间得到延伸扩展,为鸟类营建了浅滩生境,浮排上种植的植物也为鸟类提供了部分食物来源(图 8-16)。

图 8-16　修复后海珠湖鸟岛的"浮排"成为深水区的草滩生境

2）湖心岛多功能鸟类生境修复

在海珠湖西北侧，临近岸边水域有一个湖心岛，岛屿的面积约为4000m²。该湖心岛周边原来也是深水陡岸，岛上是茂密的榕树林。修复前，湖心岛除了栖息一部分林鸟外，鸟类种类及功能群类型较少，湖心岛作为鸟类生境的功能较差。湖心岛鸟类生境修复的主要目标，是为涉禽、游禽、林鸟等多种鸟类提供栖息、营巢、庇护与觅食的功能性生境，同时使海珠湖中的人工岛屿能够充分发挥为鱼类及昆虫提供小微生境的重要功能，以及为鸟类群落保障食物来源并优化湖泊生态系统的食物网结构。从2018年开始修复，湖心岛上保留了原来榕树林的1/3，保留的密林作为鸟类的食源地，也是林鸟、昆虫栖息的良好场所。应对潮水涨落水位变动的影响，在岛的东侧以木桩固定，修复浅滩，扩展湖心岛的生态空间（图8-17）。在修复的浅滩中，稀疏种植小片林泽包括部分乔木和灌木，丰富水岸空间结构，形成鸟类的隐蔽空间。在浅滩区域，以果林枯枝堆置形成8～10个岛状生境结构——"动态生物礁"（图8-18），涨潮淹没时是水下鱼巢，落潮出露时是鸟类栖息站立结构和昆虫旅馆。在岛头营建蜻蜓水岸，形成小型潟湖和水湾，并与林泽和浅滩结合在一起，形成鸟类复合生境结构

（图 8-19）。在岛的西侧以浮排形式形成草滩，为涉禽栖息和游禽夜栖提供场所。岛上的草本植物以自然恢复为主，在岛上空旷处营建少量小微湿地，增加岛上生境的多样性。

图 8-17　修复后海珠湖湖心岛东侧的浅滩

图 8-18　修复后潮水涨落的不同水位时期果林枯枝堆置形成的岛状生境结构

图 8-19　修复后潟湖、水湾、林泽、浅滩镶嵌的鸟类复合生境

（三）岭南生态工法及应用

在岭南地区，千百年来，广大劳动人民在辛勤劳作的基础上形成了众多富有生态智慧的生产方式、农林水工程等，如桑基鱼塘、垛基果林湿地等。海珠湿地作为岭南大都市区的重要自然保留地，有很多生态智慧遗产被保护下来。因此，挖掘蕴藏于海珠湿地中的生态智慧、破解岭南农业湿地可持续发展的密码是本书重点关注的目标。自 2015 年以来，本书作者及其团队在海珠区湿地管理办公室的支持下，与海珠湿地科研宣教中心及海珠湿地冯文杰、黎智祥等团队合作，开展了一系列创新探索，并在大地景观营建实践中实现了对岭南生态智慧的保护传承与在地活化。从垛基果林湿地修复，到与湿地生态系统密切

相关的系列生境小品的研发，形成了垛基果林湿地与系列生境结构有机融合的整体湿地生态系统，不仅呈现出具有岭南特色的优美湿地农耕景观，而且发挥了重要的湿地生态服务功能，生物多样性得到提升，湿地碳汇、雨洪调控等功能日益优化。

1. 岭南共生型农业湿地系统重建工法

提出了以"基、果、水、岸、生"五素同构为核心的"岭南共生型农业湿地系统重建工法"。在继承岭南农业文化遗产和传统农耕生态智慧的基础上，遵循协同共生的基本原则，将垛基果林湿地与传统稻作、农事作业中的套种、间作相互嵌套，形成具有岭南特色的农业湿地系统——共生型农业湿地（图 8-20），包括荔枝-芋头（*Colocasia esculenta*）-菱角（*Trapa bispinosa*）立体复合湿地农业、荔枝-龙眼-果桑（*Morus alba*）复合湿地农业、茭白（*Zizania latifolia*）-香蕉（*Musa nana*）复合湿地农业等。在海珠垛基果林湿地修复中，将这些共生型湿地农业结构作为修复工具，在满足生物生产功能的同时，提高修复区域的空间环境异质性、生境类型多样性，既可发挥生物多样性保育功能，又可为市民提供科普宣教的良好场所。

图 8-20　具有岭南特色的共生型农业湿地

2. 生物相水岸重建生态工法

生物相水岸（biofacies water shore）是指水岸自然环境与生物及其群体相互作用所形成的一系列水岸生物（有机）特征的综合，突出表现在植物根系、根茎与水岸动物生境所形成的生物相结构。在海珠湿地修复中，充分利用河涌水岸咸淡水交混的环境中生存的无齿螳臂相手蟹（*Chiromantes dehaani*）等无脊椎动物，因为这些动物在生存过程中需要挖掘洞穴，对河岸起着疏松、通气、供氧、增加养分等生态作用，有利于植物根系的生长，植物的根、茎在河岸形成网络系统，与无齿螳臂相手蟹的洞穴一起，形成多孔穴生物相水岸（图 8-21），所以将无齿螳臂相手蟹称为生态系统工程师。营造适于无齿螳臂相手蟹等动物栖息的生境，利用其对岸的生态作用，维持多孔穴生物相水岸。

图 8-21　垛基果林湿地内的多孔穴生物相水岸（无齿螳臂相手蟹的洞穴）

在海珠湿地水岸（河涌水岸、湖岸、塘岸等），提出并实施了以"无齿螳臂相手蟹+番石榴"为标志的"生物相水岸重建生态工法"。在生物相水岸重建中，可以选择利用的优良植物包括番石榴、荔枝、乌桕、风箱树（*Cephalanthus tetrandrus*）等。其中，番石榴作为向水性生长植物，其根、茎网络对水岸起到多方面的生态作用（图8-22），是典型的水岸柔性生命材料。

图8-22　垛基果林湿地内向水性生长的番石榴形成的水岸

3. 多功能生命景观工法

海珠垛基果林湿地中的荔枝、龙眼等果树，在生长过程中要产生很多枯枝等木质物残体，可以将这些材料变废为宝，用来构建各种生物塔、昆虫旅馆、篱笆系统。这些以自然材料为主构建的篱笆、昆虫旅馆等生境小品，就是具有海珠特色的"多功能生命景观工法"，2021年在海珠湿地发现的新物种——海珠斯萤叶甲（*Sphenoraia haizhuensis*）就分布在海珠湿地中的生命篱笆系统中。在海珠湿地的小洲片区，利用废弃果枝等各种自然材料，创新性地研发了系列"多功能生命景观"，包括以"海珠生命方舟"为代表的生物塔和各类昆虫旅馆及生命景观墙（图8-23、图8-24）、以"海珠生命篱笆"为主题的各类型篱笆系统（图8-25）。"多功能生命景观工法"强调自然材料的运用及各种生命景观的多功能，包括提供生物生境、增加环境空间异质性、景观观赏和科普宣教等功能。这些生命景观与土地融为一体，成为垛基果林湿地生态系统的组成部分。

图 8-23　海珠湿地多功能生命景观——作为生物生境的生命方舟

图 8-24　海珠湿地利用果林废弃木质物残体制作的生命景观

图 8-25　海珠湿地利用果林废弃枯枝营建的生命篱笆

4. 在地自然生命建筑工法

运用垛基果林区域果树的枯枝等自然材料，借鉴岭南传统工法技艺中的智慧，创造了一系列富有海珠特色的"在地自然生命建筑"，如观鸟屋、荔枝学堂、树屋，形成了创新性的"在地自然生命建筑工法"。

百年荔枝学堂是从景观构筑小品到生命建筑空间的第一步，利用场地中一棵临水的百年古荔枝树，以自然材料和自然功法搭建了百年荔枝学堂（图 8-26）。这是一个真正意义上的在地生长起来的生命建筑，枯树枝围合形成建筑墙面，废弃树干切片铺设形成自然地面，其间充满孔隙空间，植物自由生长，昆虫栖息繁衍。屋顶铺设压实的茅草；室内布设围绕古荔枝树的木质坐凳，形成百年荔枝学堂的内外结构。在百年荔枝学堂里，在临水的古荔枝树下，自然的茅草屋顶，从树枝透进学堂内部的阳光，吹过的微风，一只爬上树干的蚂蚁，都在教给人们那些最简单又最深刻的自然原理。从宏观尺度上看，百年荔枝学堂不仅是小洲片区的景观标志物，更是一个重要的生境结构，是这个区域动物迁移的"生境踏脚石"（图 8-27）。

观鸟围屋借鉴了岭南客家围屋的建造智慧，客家围屋结合了中原古朴遗风，以及南方文化的地域特色。利用这一传统的建筑形式，在海珠湿地小洲片区的浅水沼泽-岛链生境复合体的一侧，在地势较高的平台用果树枯枝搭建围屋式观鸟屋（图 8-28）。围屋建筑立面视线通透，结构柱形成一个个观鸟窗口，窗外是浅水沼泽-岛链生境，水鸟飞翔，自然和谐。

图 8-26　海珠湿地以自然材料搭建的百年荔枝学堂

图 8-27　海珠湿地的百年荔枝学堂是一个重要生境结构

图 8-28　海珠湿地的围屋式观鸟屋

　　以"观鸟围屋"为代表的生态观鸟设施，以"百年荔枝学堂"为代表的户外在地小微自然教育基地，以"榕树树屋"为代表、与自然融为一体的自然教育生命建筑（图 8-29），以芒果树为核心、构思巧妙，且与自然生物走廊连为一体的芒果书屋（图 8-30），这些"多功能自然生命建筑"呈现出了典型的在地性，所蕴含的生态技艺和工法是传统生态智慧与自然智慧交融的结晶。

图 8-29　海珠湿地的榕树树屋自然教育生命建筑

图 8-30 海珠湿地的芒果书屋

基于自然的解决方案和传统农耕生态智慧的启示，将上述具有海珠特色的系列生态工法付诸实践，进行了海珠生态工法与系列自然艺术技法的有机融合，这些"多功能生态艺术作品"及其所蕴含的生态技艺和工法，是传统生态智慧与自然智慧交融的结晶，"海珠生命方舟""海珠生命篱笆""海珠生态围观鸟屋""百年荔枝学堂""荔枝树屋"如镶嵌在海珠垛基果林湿地上的一颗颗生态明珠，实现了海珠湿地生态与艺术的交相辉映。这一系列生态工法，既是对岭南传统农耕生态智慧的传承，也是生态工程领域的创新拓展。海珠湿地的创造性工作，是对生态工程技术领域在深度和广度上的拓展，初步创立了生态工法的"海珠流派"。

第四节　垛基果林湿地生态系统修复效果评估

海珠垛基果林湿地生态修复实践是一个针对传统农业文化遗产优化提升的整体生态系统设计，是国土空间中农业文化遗产保护修复的有益尝试，也是国土空间生态保护和生态友好型利用的现实需要。充分挖掘珠江三角洲千百年来传统农耕时代流传下来的文化遗产，借鉴垛基果林农业文化遗产中的生态智慧，运用现代生态工程技术，自 2016 年以来，在海珠湿地开始了岭南农业文化遗产的重生之路和垛基果林湿地恢复的生态实践。通过垛基果林湿地要素、结构、功能的设计和生态恢复实践，迄今，已初步形成生态服务功能不断提升、景观美化优化的协同共生系统——海珠垛基果林湿地。

调查表明，垛基果林湿地恢复实施四年来，垛基形态优美，基岸自然蜿蜒（图 8-31）。由于基上果树得到疏伐，光照条件改善，林下草本植物繁茂，种类逐渐增加。监测表明，由于植物群落结构的优化，草本植物种类的增加，昆虫及鸟类种类及种群数量明显增加。目前，在实施了恢复工程的小洲片区 20hm² 传统垛基果林中，调查发现鸟类比实施恢复前增加了 21 种。

图 8-31　实施修复后的垛基果林湿地外貌

在垛基果林湿地恢复中，除了进行柔性植物水岸的设计和恢复重建外，特别注重对番石榴这类向水性植物的保留和运用。恢复四年后的番石榴水岸不仅在河涌沟渠边岸形成复杂的柔性结构，而且在沟渠水道上方形成良好的生态空间结构，甚至在向水生长过程中，其树枝的悬垂及枯枝的掉落进入水中，由此形成了多样化的微水文环境，增加了沟渠河道中的生境异质性和多样性（图8-32）。

图8-32　垛基果林湿地内的河涌柔性植物水岸（向水性生长的番石榴对于河岸生态的防护作用）

由于对垛基果林垛上果树的适度疏伐，荔枝、龙眼、黄皮、阳桃等热带果树得以更好地生长，且结出的果实品质优良，使宝贵的热带水果种质资源得以良好保存。修复后，垛基果林湿地的垛基形态优美，基岸蜿蜒自然，湿地内水质优良，生物种类多样（图8-33）。

图8-33　修复后的垛基果林基、果、水、岸、生各要素协同共生

经过优化改造的垛基果林湿地发挥着越来越强大的生物多样性保育、水环境净化、景观美化等生态服务功能，且由于垛基果林湿地生态系统的自我设计功能开始发挥，生态服务功能持续不断优化，表现出了恢复实践结果的良好可持续性。由于注重生态服务功能的优化提升，海珠垛基果林湿地生态系统设计和恢复实践初步实现了多种生态功能需求和多重效益。

第五节　小　　结

海珠垛基果林湿地的恢复是岭南农业文化遗产重生生态实践的有益尝试。以全面优化生态系统服务为目标，重点针对湿地景观品质提升、河涌沟渠水质改善、生物多样性恢复，将自然的自我设计与人工适度修复相结合，整理水系，恢复湿地内的水文连通性，进行垛间水道拓展及设计，适度拓展水面空间；进行垛上果林疏伐及植被结构优化改造，对现有果林进行疏伐后，稀疏种植南亚热带地带性高大乔木，草本植物以自然恢复为主，形成垛上"乔木+灌木+草本地被"的丰富植被层次；进行果林开敞空间营建及湿地生境修复，恢复典型的垛基果林湿地形态和功能。

海珠国家湿地公园内垛基果林湿地的修复实践，在有效保护与继承岭南传统农业文化遗产的同时，营建了形态结构优美、生态服务功能优化的独特岭南湿地景观。海珠垛基果林湿地是岭南热带果林-湿地复合生态系统，是重要的农业文化遗产，是岭南生态智慧实践运用的结晶。借鉴珠江三角洲千百年来劳动人民的生态智慧，对海珠退化湿地生态系统进行了全面修复。通过恢复河涌湿地潮汐水文及动力沉积过程，重建垛基果林湿地系统。与自然合作，依靠自然之力及人工辅助调控，恢复重建鸟类生境。垛基果林湿地的修复使得海珠湿地生态系统健康得到维持，其自然生态过程和生态服务功能的多样性得到有效发挥。海珠湿地修复取得的成效不仅仅是对湿地动植物的保护、湿地水质和鸟类生境恢复，更为重要的是为广州市提供了生态屏障、雨洪管理、水质净化、局地气候调节、城市生物多样性提升等重要的生态服务功能。

第九章 煤海蝶变——山东邹城太平采煤塌陷区新生湿地生态修复

煤炭在我国一次性能源消耗结构中，长期保持 70%左右的比例，在今后相当长的时期内，此比例不会有明显的减小（马蓓蓓等，2009；Meng et al.，2009）。煤炭生产在带来巨大经济效益、推动经济社会发展的同时，也给生态环境带来极大的压力。随着煤炭的大量开采，因开采导致的塌陷区逐渐增多，采煤造成的地表变形和塌陷破坏采煤区域内居民建筑物，如地面塌陷导致房屋开裂（Booth et al.，1998），对居民人身安全产生严重威胁。采煤塌陷导致地表变形（Luo，2008），破坏耕地、矿区地表水体和生态系统结构（Antwi et al.，2008；张发旺等，2007），影响矿区及周边地区人们的生活。目前对采煤导致的塌陷塘、湿地的水环境、重金属污染及浮游生物、水生植物等生物要素，有一些零星的研究，但对生态系统演变、生物多样性方面的研究很少。仅有的少量研究主要针对某些生物类群的调查，如李晓明等对淮北煤矿区塌陷湖水生昆虫群落结构进行调查，表明相对天然湖泊，采煤塌陷形成的封闭湖泊水生昆虫群落结构简单，多样性较低，生态系统较脆弱（李晓明等，2015）；张乔勇等对山东济宁采煤塌陷区新生湿地鸟类群落及多样性进行了研究，表明采煤导致的地表塌陷后，由农田向新生湿地发育变化过程中，生境多样性和异质性的增加使得鸟类多样性增加（张乔勇等，2017）。面对采煤导致的大面积塌陷地及其生态变化，迫切需要系统、深入地研究采煤驱动下塌陷地生态演变规律，尤其是塌陷地湿地生态系统及其生物多样性的变化，针对塌陷区采空后直到稳沉的几十年一直处在动态塌陷的特点，研发采煤塌陷区湿地生态系统恢复的关键技术及调控机理。

在采煤塌陷区生态修复中，基于自然的解决方案（NBS）非常重要。基于自然的解决方案是指采取行动保护、管理和恢复自然生态系统或经过改造的生态系统，有效地、适应性地应对环境变化的挑战，为人类福祉和生物多样性带来好处。欧美国家和相关机构率先提出了基于自然的解决方案概念，并以此作为应对气候变化、生物多样性衰退、土地利用变化等全球问题的工具（World Bank，2008；UNFCCC，2009；Cohen-Shacham et al.，2016；罗明等，2020）。NBS 有别于依托传统工程技术的"灰色"解决方案，它关注生态系统的整体设计和综合管理，强调人与自然的协同共生。在应对不断变化的环境方面，NBS 能够增强生态系统行动方案的适应性和可持续性。

本章以位于山东省济宁市邹城太平镇鲍店煤矿采掘塌陷区（简称"太平采煤塌陷区"）为研究对象。自 2014 年 8 月开始，本书作者及其团队在完成太平采煤塌陷区生物多样性本底调查、新生湿地生态系统评估及生态修复设计的基础上，开始了对太平采煤塌陷区生态修复的设计实践。本章在分析太平采煤塌陷区新生湿地生态环境状况，以及生物多样性变化特征的基础上，重点针对塌陷区新生湿地生物多样性，探索基于自然解决方案、以塌陷区新生湿地生物多样性为核心的设计技术框架和调控机理，从动态生态系统设计与修复的角度，探索采煤塌陷区生物多样性保育、生态系统修复的创新路径和模式，为采煤塌陷区生物多样性保护和生态系统修复设计提供科学依据和技术范式参照。

第一节 研究区域概况

一、采煤塌陷区新生湿地概念

煤炭的大量开采导致地面移动、变形乃至破坏，最终形成大规模的塌陷地带，由于浅层地下水和大量雨水的汇入，形成了面积大小不等的塌陷水域，并逐渐发育形成湿地。采煤塌陷区的湿地已成为矿区一种特殊的地表生态系统。由于地下煤层采出，上覆岩土在重力和应力作用下发生弯曲变形、断裂、位移，由此导致地面塌陷下沉，在天然降水滞留及地下水位较高地区地下潜水渗入等因素的综合作用下，形成不同深浅、大小的塌陷水面，其原有的生态系统消失，演变为采煤塌陷后的湿地生态系统。煤炭采空后造成大面积地面塌陷，降水汇集，地表积水，加上部分地下水上涌，土壤淹水潜育化，生长水生植物，出现底栖动物、鱼类、水鸟等水生生物，发育形成湿地，作者把这种因采煤塌陷形成的湿地称为"采煤塌陷区新生湿地"（袁兴中等，2017）（图9-1）。

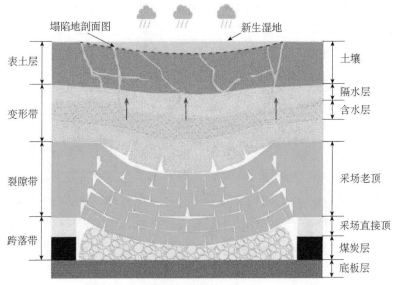

图9-1　采煤塌陷区新生湿地形成示意图

在华北平原，采煤导致的塌陷地正在快速增长，以位于山东省西南的济宁市为例，兖州煤田的开采，导致济宁市地表大面积塌陷，目前，以每年新增4万亩塌陷地的速度快速发展。其中，济宁市的邹城兖州煤田由于煤炭采空塌陷形成了特征极为典型的采煤塌陷新生湿地（图9-2）。这里既是我国代表性的采煤塌陷区新生湿地生态系统，也是采煤塌陷灾害控制和塌陷区新生湿地生态系统动力学研究所关注的重点区域（Zhang et al.，2019，2020），其湿地结构与功能的耦合机制、新生湿地发育的生态过程调控机制等科学问题亟待解决。

(a) 2014年8月地表变形

(b) 2014年10月塌陷积水

(c) 2015年4月塌陷深度增加

(d) 2018年10月的新生湿地

(e) 2019年8月塌陷地林泽发育较好

(f) 2021年6月层次结构复杂的新生湿地

图 9-2　山东邹城太平采煤塌陷区新生湿地发育和变化

二、研究区域环境概况

研究区域地处山东省鲁西平原中部，济宁市邹城西部太平镇境内，南起新济邹路，北至三鲍村界，西起泗河界，东至湖心岛水域，包括泗河水域、横河水域以及湖心岛周围水域。地理坐标为 116°47′06″ ~ 116°50′13″E，35°23′52″ ~ 35°26′12″N（图 9-3），该区域为邹城市太平采煤塌陷区，总面积 1143.6hm²，属兖州矿务集团的鲍店煤矿，煤炭开采较早，从 20 世纪 70 年代初期至今，历经 40 多年的开采形成了大面积地下采空区。80 年代后地表开始下沉，形成大面积塌陷区域。该区域处于新华夏构造体系第二隆起带与第二沉降带的交界线附近，地质构造比较复杂。属于泗河冲积洪积平原区，地势平坦，地面标高为 35.2～41.3m。该区域地处暖温带，为东亚大陆性季风气候区，年日照时数为 2151～2596h，年平均气温为 14.1℃，全年无霜期平均为 202 天，年平均降水量为 771.7mm，主要集中在 6～8 月，年最大降水量为 1225.5mm，年最小降水量为 434.4mm，历年平均相对湿度为 64%。研究区域属淮河流域的白马河水系，东与白马河相邻，西侧为泗河。土壤类型主要为砂姜黑土。

图 9-3　太平采煤塌陷区范围

第二节　采煤塌陷区新生湿地生物多样性特征及变化趋势

一、新生湿地生物多样性总体概况

太平采煤塌陷区因降雨汇集及部分地下水涌出，形成大面积新生湿地（图 9-4）。新生湿地的形成面积及水深与塌陷范围、深度和年代相关，并且因地质条件、土壤性质和地表形态差异，导致塌陷不均一。水生植物的分布与水位变化有密切关系，从沉水植物、浮叶根生植物、小型挺水植物，到大型挺水植物，对水深要求不一样。塌陷时间较短的新生湿地水位较低，水深为0~1m，以挺水植物为主，多呈片状分布，面积较大；塌陷时间较长的新生湿地水位较高，水深为2~4m，湿地植物以沉水植物为主，周边带状或斑块状分布挺水植物。虽然塌陷时间不同，但所有区域在塌陷后被水淹没，湿地植物定植、萌发，形成湿地植物群落。在挺水植物聚集的小型生境斑块中，集中分布挺水植物有芦苇（*Phragmites australis*）、狭叶香蒲（*Typha angustifolia*）、扁秆藨草（*Scirpus planiculmis*）、剑苞藨草（*Schoenoplectus ehrenbergii*）等（图9-5、图9-6），沉水植物有金鱼藻（*Ceratophyllum demersum*）、黑藻、菹草（*Potamogeton crispus*）等。同时在浅水底有菹草（*Potamogeton crispus*）、穗花狐尾藻（*Myriophyllum spicatum*）、金鱼藻（*Ceratophyllum demersum*）等沉水植物分布。在这种小尺度聚集分布形成的斑块状水生植物生境中，栖息着凤头䴙䴘（*Podiceps cristatus*）和黑水鸡（*Gallinula chloropus*）等水鸟（图9-7）。塌陷时间较长的区域形成大面积水面，为雁鸭类等游禽提供了优良的越冬栖息地。

图9-4　太平采煤塌陷区新生湿地

(a) 芦苇

(b) 狭叶香蒲

(c) 扁秆藨草

(d) 剑苞藨草

图 9-5　太平采煤塌陷区的挺水植物

图 9-6　太平采煤塌陷区斑块聚集分布的挺水植物与沉水植物混生一起

图 9-7　太平采煤塌陷区斑块聚集分布的挺水植物生境中栖息的凤头䴙䴘

二、新生湿地生物多样性特征及变化趋势

本书研究团队自 2014 年以来，分别选取 10km² 的太平采煤塌陷区及位于泗河以西 10km² 的尚未塌陷的传统农耕区，进行生物多样性对照调查研究。在两个 10km² 的范围内重点进行高等维管植物及鸟类的定性调查，同时在两个区域内分别随机选取 6 个 0.5km² 的样地开展定量调查。

研究结果表明，太平采煤塌陷区内共有维管植物 91 科 273 属 392 种，其中蕨类植物 4 科 4 属 4 种，裸子植物 4 科 7 属 10 种，被子植物 83 科 251 属 378 种；有 271 种野生草本植物。从太平采煤塌陷区全部植物丰度及野生植物丰度上来看，在面积仅有 10km² 的范围内，其物种丰度尤其是野生植物种类的丰度较高。太平采煤塌陷区内共有水生维管植物 21 科、40 种（表 9-1），分别占维管植物科数和种数的 23.86% 和 10.58%。而在作为对照研究区域的尚未塌陷的传统农耕区，10km² 的面积上仅调查到 70 种维管植物。

表 9-1　太平采煤塌陷区新生湿地水生维管植物生活型类群

生活型类别	沉水植物	漂浮植物	浮叶植物	挺水植物	合计
种数	12	3	6	19	40
比例/%	30.00	7.50	15.00	47.50	100.00

太平采煤塌陷区内陆生自然植被有 3 个植被型，23 个群系；农业植被有 2 个植被型，7 个群系；水生植被有 4 个植被型，33 个群系。在塌陷初期，先锋植被一般以陆生植物为主，主要有马唐（*Digitaria sanguinalis*）、狗尾草（*Setaria viridis*）、白茅（*Imperata cylindrica*）、刺儿菜（*Cirsium arvense*）、钻叶紫菀（*Aster subulatus*）、齿果酸模（*Rumex dentatus*）等，这类草甸一般分布在塌陷塘湖滨带边缘，因塌陷程度不均一，这类草甸往往交错发育，并和农业植被形成明显的分界。水生植被通常分布在各塌陷塘的近岸水域，但是在一些湿地发育程度较好、土壤含水量充足的塌陷地也有分布，一般以芦苇、香蒲（*Typha orientalis*）、长芒稗（*Echinochloa caudata*）、头状穗莎草（*Cyperus glomeratus*）、碎米莎草（*Cyperus iria*）、高秆莎草（*Cyperus exaltatus*）、扁秆藨草及水葱（*Scirpus validus*）等群落为主，在塌陷时间较短的塘内，在挺水植物群落内还常分布有漂浮植物和沉水植物；但在塌陷时间

较长、面积较大、水深梯度明显的塌陷塘内，则往往形成典型的挺水植物-浮叶植物-漂浮植物的带状分布趋势（图 9-8）。说明塌陷年限越长，环境梯度越显著，植被的带状分布趋势越明显。太平采煤塌陷区典型的湿地植物包括头状穗莎草（*Cyperus glomeratus*）、扁秆蔍草、芦苇等。

图 9-8　太平采煤塌陷区新生湿地挺水植物带状分布

太平采煤塌陷区共发现鸟类 138 种，隶属 15 目 41 科，其中，鸭科（Anatidae）鸟类最多，有 20 种；鹭科（Ardeidae）和鹬科（Scolopacidae）次之，分别为 11 种。不同塌陷时期的新生湿地鸟类物种数量不同，其中塌陷中期鸟类物种数最高，有 84 种；其次为塌陷初期，有 59 种；塌陷后期物种数最少，为 57 种。塌陷中期新生湿地的鸟类物种组成与初期和后期存在显著差异，塌陷中期新生湿地冬候鸟的丰度、夏候鸟和旅鸟的多度显著高于初期和后期，中期植食性鸟和杂食性鸟的丰度显著高于初期和后期。不同塌陷时期的新生湿地中，鸟类群落的丰度、多度以及物种均匀度指数没有显著差异，且具有相似的季节变化趋势；塌陷中期的鸟类多样性最高；湿地水域内自然植被比例和湿地边缘自然植被比例是影响新生湿地鸟类群落物种组成的主要环境因子。采煤塌陷新生湿地共有 138 种鸟类分布，而在作为对照研究区域的尚未塌陷的传统农耕区，10km² 的面积上仅观察到 30 种鸟类，说明采煤塌陷新生湿地具有较高的鸟类多样性保护潜力。

调查表明，尚未塌陷的传统农耕区和新生湿地的植物和鸟类群落的优势种组成不同。其中，新生湿地植物群落的优势种为芦苇、马唐和雀麦（*Bromus japonicus*），传统农耕区为节节麦（*Aegilops tauschii*）、猪殃殃（*Galium aparine*）和播娘蒿（*Descurainia sophia*）；新生湿地中鸟类群落的优势种为骨顶鸡（*Fulica atra*）、绿翅鸭（*Anas crecca*）和小䴙䴘（*Tachybaptus ruficollis*），传统农耕区为树麻雀（*Passer montanus*）、喜鹊（*Pica pica*）和家燕（*Hirundo rustica*）。

调查表明，随着塌陷新生湿地的形成，除了生物多样性增加外，还发现有不少珍稀濒危特有动植物在采煤塌陷区新生湿地栖息和繁殖，如青头潜鸭（*Aythya baeri*）、震旦鸦雀（*Paradoxornis heudei*）等（图 9-9）。自 2015 年 11 月作者在太平采煤塌陷区新生湿地首次发现青头潜鸭（全球最濒危的鸟类之一，国家一级保护野生动物）以来，新生湿地的青头潜鸭种群数量最高时约 180 只，且每年都能在新生湿地观察到处于不同发育阶段的青头潜鸭（幼鸟、未成年鸟、亚成鸟和成鸟），这意味着新生湿地能够满足青头潜鸭不同生活史阶段的需求，已成为青头潜鸭的重要栖息地（图 9-10）。

图 9-9　太平采煤塌陷区新生湿地芦苇丛中栖息的震旦鸦雀

图 9-10　太平采煤塌陷区新生湿地栖息的青头潜鸭

　　近几年的研究表明，太平采煤塌陷区范围内，部分区域已经呈现出明显的再野化趋势（图 9-11）。再野化的结果，形成了采煤塌陷区新生湿地的部分荒野片段，这些荒野片段已成为该区域及周边的重要的物种源和生态源。

图 9-11　太平采煤塌陷区新生湿地部分区域的再野化趋势

第三节　修　复　目　标

　　面对采煤塌陷区内的新生湿地及其生物多样性的变化，一个关键的研究问题开始浮现——原本被认为是生物多样性"洼地"的华北平原，在地下煤炭被采空并导致地表塌陷后，变成新生湿地和生物多样性热点区域，其生态学意义与动力机制是什么？除了生物多样性的变化，对于华北平原来说，新生湿地的水源涵养、气候调节、雨洪调控、农田面源污染净化等功能，以及新生湿地上的菱角（*Trapa bispinosa*）、芡实（*Euryale ferox*）、荸荠（*Eleocharis dulcis*）等经济水生植物所带来的生物产品供给功能，对当地的生态保护及绿色发展其实是至关重要的生态财富。如何保护好采煤塌陷新生湿地的生物多样性，如何让生物多样性更为丰富，让新生湿地生态系统服务功能更优，为当地人民提供更优质的生态产品？以生物多样性保育为核心的塌陷区生态修复设计，成为我们的最优选择。

针对太平采煤塌陷区新生湿地面临的生态环境问题，以及塌陷区新生湿地生物多样性保育及提升的要求，紧紧围绕新生湿地生态系统服务功能的全面优化，本着对自然和人类都有益的设计理念，应对动态塌陷和不断变化的环境，进行太平采煤塌陷区新生湿地生物多样性设计和实践。本书提出的设计目标是：

（1）在采煤塌陷地上再造一个生命喧嚣的大地景观系统，创建一个充满生命活力的采煤塌陷区新生湿地生命景观样板；

（2）重建一个生物多样性丰富的最优价值生命景观系统，形成结构稳定、生物多样性丰富、多功能、多效益的采煤塌陷区新生湿地生态系统。

第四节　采煤塌陷区新生湿地生态系统修复设计与实践

一、设计技术框架

如何保护好采煤塌陷新生湿地的生物多样性，如何让生物多样性更为丰富，让新生湿地生态系统服务功能更优？这也是棕地生态修复的多元化再生，以及在生态智慧指引下的功能活化所强调的目标要求（王云才和薛竣桓，2019）。探索基于自然的解决方案（NBS），以新生湿地生物多样性为核心，开展采煤塌陷区生态系统修复。NBS 有八大准则，准则三提出"以 NBS 保护和提升生物多样性和生态系统的完整性"，强调改善和提升项目点周边的生物多样性和生态系统完整性，在规划 NBS 时应充分了解系统的生物多样性、构成、结构、功能、连通性和外部威胁的基线情况，以确保 NBS 措施的实效与韧性。因此，以生物多样性保育为核心的塌陷区生态修复设计策略、目标和技术框架，应充分考虑准则三提出的要求。

采煤塌陷区最大的特点就是在稳定塌陷之前，一直处于持续不断的下沉塌陷中，直到稳沉状态。基于生物多样性保育主要目标，根据太平采煤塌陷区新生湿地的资源禀赋和环境条件，提出了生态修复设计技术框架（图 9-12）。该框架中，动态景观设计技术和生境单元综合设计技术，是针对持续塌陷特点，从时间维度和空间结构两方面进行不同类型生境的设计。地形-底质复合设计技术和水文-水环境综合设计技术，是立足于采煤塌陷区新生湿地最重要的环境要素——地形、底质、水文、水环境，进行塌陷区水上、水下的生境设计。多物种协同设计技术和多功能设计技术，将塌陷区的生物物种与生态功能关联起来，通过多物种协同，实现多功能并存。上述 6 个技术，涉及采煤塌陷区生态修复的环境要素、时间动态和空间结构、生态功能等方面，并紧密围绕生物多样性保育这一核心目标，各技术之间有机关联和协同。

二、修复技术模式及实践

（一）顺应塌陷时间节律的动态设计技术

从煤炭采空之后地表变形开始，经历了一系列的塌陷进程，直到 30～40 年才稳定沉陷，最大沉陷深度为 6～7m。随着塌陷深度的动态变化，塌陷区新生湿地生态系统的环境特征、生物多样性都在发生相应的变化。研究表明，在没有人为干扰的情况下，塌陷中期的生物多样性最大。基于有效适应动态塌陷节律、保育并丰富生物多样性的综合考量，我们提出了顺应塌陷时间节律的动态设计技术，包括动态林泽技术、动态林网+多塘技术。

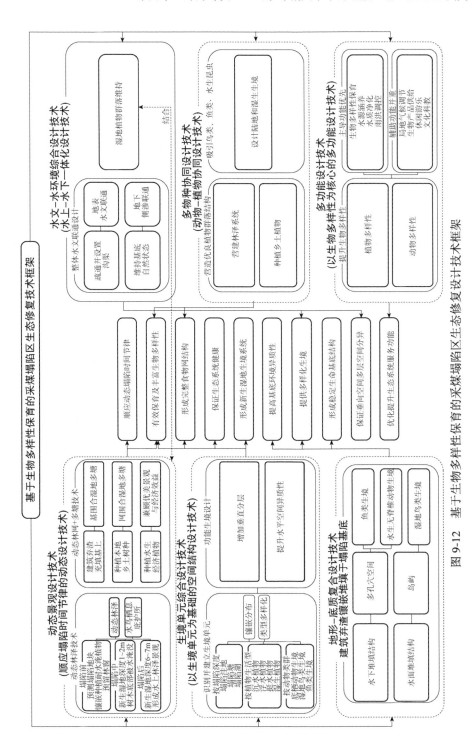

图9-12 基于生物多样性保育的采煤塌陷区生态修复设计技术框架

动态林泽技术是在预测即将塌陷、已经变形无法耕种的地块上种植耐水淹且能够适度耐旱的树木。当初期塌陷形成深度1～2m的新生湿地时，树木沉没于水中；随着塌陷持续进行，经历一个"地往下塌，树向上长"的过程；到30～40年稳定沉陷、沉陷深度达到6～7m时，树木长到十几米高，形成一片水上林泽，这就是动态林泽（图9-13）。采煤塌陷区新生湿地动态林泽所筛选的适应于采煤塌陷区的树种有乌桕（*Sapium sebiferum*）、旱柳（*Salix matsudana*）、中山杉（*Taxodium 'Zhongshansha'*）、池杉（*Taxodium ascendens*）、落羽杉（*Taxodium distichum*）等。动态林泽镶嵌分布于塌陷区，在动态林泽修复区，主要通过地形设计和底质改造，只栽种耐水淹树木，所有的沉水植物和挺水植物都通过自然萌发恢复。同时，在林泽内部留有林窗，也是未来塌陷形成湿地水域后，由林泽围合的开敞水面，有利于越冬鸭科水鸟的栖息和庇护。

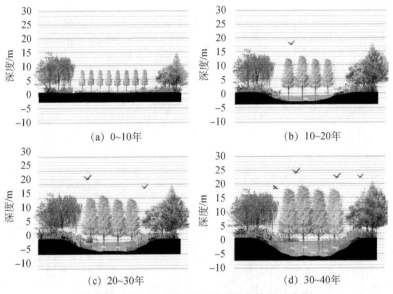

图9-13　采煤塌陷区新生湿地动态林泽示意图

动态林网+多塘技术是以塌陷农业区域拆除房屋的废弃砖石（即建筑弃渣）充填于基上，形成由基围合的湿地多塘。在基上种植本地乡土树种（如杨树、柳树等），形成林网围合的湿地多塘（图9-14、图9-15），在塌陷塘内除了保留保护自然生长的湿地植物外，还可根据情况适当恢复种植水生经济植物，在形成优美湿地景观的同时获取经济收益。

图 9-14 采煤塌陷区新生湿地动态林网+多塘示意图

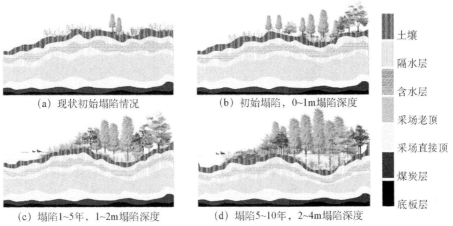

(a) 现状初始塌陷情况　　　(b) 初始塌陷，0~1m塌陷深度

(c) 塌陷1~5年，1~2m塌陷深度　　(d) 塌陷5~10年，2~4m塌陷深度

土壤

隔水层

含水层

采场老顶

采场直接顶

煤炭层

底板层

图 9-15 顺应动态塌陷的采煤塌陷区新生湿地林网+多塘不同时段示意图

（二）以生境单元为基础的空间结构设计技术

生物物种多样性与生境多样性紧密关联，由于太平采煤塌陷区范围内各

空间单元采煤起始时间和采空终结时间不一致，加上同一采掘单元内地表地形条件、底质、土壤的差异，导致地表塌陷的不均一，调查表明塌陷中期的生物多样性较高，就是因为上述原因使得塌陷中期的生境异质性和多样性较高。如何在保护的基础上提升塌陷区生物多样性，本章提出以生境单元为基础进行塌陷区空间结构设计（图9-16），首先必须识别与建立生境单元。按照不同的分类标准，采煤塌陷区新生湿地的生境单元划分见表9-2。

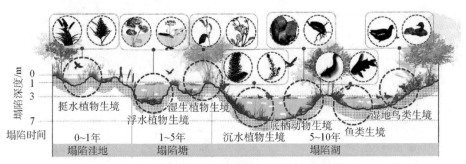

图9-16　以生境单元为基础的塌陷区空间结构设计示意图

表9-2　太平采煤塌陷区新生湿地的生境单元划分

序号	生境单元划分标准	生境单元名称	生境单元特征
1	按塌陷深度划分	塌陷洼地	为初期塌陷形成，降水时形成湿洼地，非降水期为干燥环境。随着塌陷时间的持续，洼地深度加大，并逐渐发育形成新生湿地，可见降水期和非降水期湿地植物和陆生植物交替出现的情况
2		塌陷塘	随着塌陷持续，塌陷深度加大，形成1～3m深的塌陷塘，可划分为浅水塘、深水塘，塘边有边岸湿地出现。塌陷塘内有沉水植物、浮水植物和挺水植物出现，底栖动物发育，有水鸟栖息
3		塌陷湖	随着塌陷持续，塌陷深度进一步加大，面积扩展，小的塌陷塘合并，形成4～7m深的塌陷湖，可划分为浅水湖、深水湖，出现湖岸滩涂。塌陷湖除了沉水植物、浮水植物和挺水植物、底栖动物发育外，由于明水面的增大，鸭科鸟类增多
4	按植物生活型划分	沉水植物湿地生境	通常塌陷深度达到0.5m以上时，新生湿地就开始有沉水植物着生了，常见的如菹草、金鱼藻、黑藻等
5		浮水植物湿地生境	通常塌陷深度达1.0m以上时，新生湿地就有浮叶根生和漂浮植物出现，前者包括睡莲（*Nymphaea tetragona*）、水鳖（*Hydrocharis dubia*）等，后者包括浮萍（*Lemna minor*）、槐叶萍（*Salvinia natans*）、满江红（*Azolla imbricata*）等
6		挺水植物湿地生境	通常塌陷深度达0.3m以上时，新生湿地就有挺水植物出现，包括香蒲、芦苇、蔗草等

续表

序号	生境单元划分标准	生境单元名称	生境单元特征
7	按植物生活型划分	湿生植物湿地生境	通常是在塌陷塘、塌陷湖的边岸区域，为典型的湿生环境，发育有喜潮湿环境、抗旱能力低的湿生植物，主要包括毛茛科、莎草科、蓼科植物等，如红蓼（*Polygonum orientale*）等
8	按动物类群划分	底栖动物生境	随着塌陷，从陆地土壤下沉入水中，底栖生境形成，开始有底栖动物着生。在太平采煤塌陷区，共采集底栖无脊椎动物 68 种，其中，水生昆虫 48 种，是新生湿地的主要类群；其次为软体动物，有 14 种；环节动物 4 种。主要种类如中华真龙虱（*Cybister chinensis*）、邵氏长泥甲（*Heterocerus sauteri*）、中国圆田螺（*Cipangopaludina chinensis*）等。底栖无脊椎动物是淡水湿地生态系统新陈代谢重要的驱动力，是鱼类重要的食物来源及藻类和有机物的消费者
9		鱼类生境	当塌陷形成塌陷塘或塌陷湖时，除了随水文过程进入塌陷新生湿地的鱼类外，也有由鸟类等传播媒介带入的鱼类。太平采煤塌陷区内的鱼类有 24 种，其中，鲤形目最多，有 15 种；鲈形目次之，有 4 种。由于鱼类的摄食功能差异，如鲢（*Hypophthalmichthys*）、鳙（*Hypophthalmichthys nobilis*）、餐条（*Hemicculter Leuciclus*）主要摄食浮游生物；泥鳅（*Misgurnus anguillicaudatus*）、瓦氏黄颡鱼（*Pelteobagrus vachelli*）、青鱼（*Mylopharyngodon piceus*）主要摄食底栖无脊椎动物；鲇（*Silurus asotus*）为肉食性鱼类，巡游于水体中上层，或潜于水底或岸边，以其他鱼类或小型动物为食；鲤（*Cyprinus carpio*）、鲫（*Carassius auratus*）为杂食性，既摄食水生昆虫、小鱼虾、软体动物、鱼卵等动物性饵料，也摄食藻类及植物的种子、碎片。这些不同食性功能类群的鱼类，所栖息的生境特征也各有差异
10		湿地鸟类生境	采煤塌陷区新生湿地一旦形成，就有鸟类栖息、繁殖，以湿地鸟类居多。塌陷湿地的形成使塌陷区原有农田生态系统转变为湿地生态系统，太平采煤塌陷区湿地生境类型多样，有深水、浅水、滩涂等多种生境类型，以及尚未积水但地表已经变形的陆地，加上新生湿地上镶嵌分布的湿地植物群落，使得环境空间异质性提高，为不同生态类群的鸟类提供了栖息生境，鸟类种类较丰富。塌陷区新生湿地优势种主要为小䴘䴘、绿翅鸭、黑水鸡等湿地鸟类

无论是按照塌陷深度划分的生境单元，还是按照植物生活型及动物类群划分的生境单元，各种生境单元的镶嵌分布，以及生境类型的多样化，是采煤塌陷区新生湿地生物物种多样性存在的基础。根据不同的生境单元性质、特征、喜好的生物种类，按照塌陷时间进程、塌陷深度、生物种类的生境需求等，进行以生境单元为基础的空间结构设计，最终目的是形成采煤塌陷区新生湿地完整的食物网结构，从而保证塌陷区新生湿地生态系统健康及生物多样性的维持。

在生境单元的空间结构设计中，应特别强调功能生境的设计，即通过增加垂直分层、提升水平空间上的异质性，形成一个多空间维度、多环境梯度、多时空要素、多物种集合的采煤塌陷区新生湿地生境系统，通过生境多样化设计，实现物种多样性的丰富与提升。此外，应强化景观尺度空间布局，通过对处于不同塌陷时期新生湿地的合理空间布局，将不同塌陷深度新生湿地、不同塌陷地生物群落、塌陷塘-湖-沟渠有机组合，注重景观尺度上营养物质流、物种流、水文流等生态过程的管控，形成塌陷空间内新生湿地的活水循环，并通过塌陷地周边植物群落的缓冲，实现对面源污染的控制。

（三）地形-底质复合设计技术

由于地下煤层采出，上覆岩土在重力和应力作用下发生弯曲变形、断裂、位移，由此导致地面塌陷下沉，形成不同深浅、大小的塌陷区新生湿地。塌陷时间先后，以及同一塌陷时间、同一塌陷区域地表的不均一性质，使得塌陷后的水下地形出现分异，加上基底结构的差异，由此"地形+底质"形成空间上的复合分异，为生境类型多样性的建立奠定了基础。在生态修复设计中，需要在每一个塌陷发育时间阶段，力求保留原生地形和底质的变化；对塌陷农业区域拆除房屋留下的建筑弃渣进行生态利用，将其堆填于塌陷基底上，根据预测最大塌陷深度，塑造堆填结构使其能在水下形成多孔穴空间，为喜穴居生活的水生无脊椎动物和鱼类提供栖息生境。始终露出水面的堆填结构则形成岛屿，为湿地鸟类的栖息、繁殖提供生境。地形-底质复合设计技术增加了塌陷区新生湿地基底环境的异质性，为鱼类、水生无脊椎动物、湿地鸟类等生物提供栖息、庇护及繁殖场所。通过地形-底质复合设计，形成采煤塌陷区新生湿地系统稳定、生机勃勃的生命基底结构（图9-17）。

（四）水上-水下一体化设计技术

水是湿地发育的基础，对发育于农耕区域的采煤塌陷新生湿地来说，如何保水、净水、维持水文循环并构建完整的水生态网络（伍锡梅等，2021），是新生湿地生态修复设计和维持的重点之一。本书对太平采煤塌陷区进行了整体的水文连通设计，通过沟渠保持各塌陷湿地之间地表水的水文连通；另外，不对塌陷区基底结构做任何硬化处理，充分保障西边的泗河与东面塌陷区新生湿地的地下水的侧渗连通。此外，通过对塌陷塘、湖边岸自然发育的湿地植物群落的维持，以及镶嵌状种植的动态林泽、动态林网-多塘湿地，形成水上-水下一体化的生态结构（图9-18），保证了垂向空间上的多层空间分异，为更多的生物种类提供了栖居场所。同时，通过塌陷塘、湖边岸自然发育的湿地植物群落，对进入新生湿地的地表径流进行拦截过滤，有效防止周围农田氮、磷对新生湿地的污染。

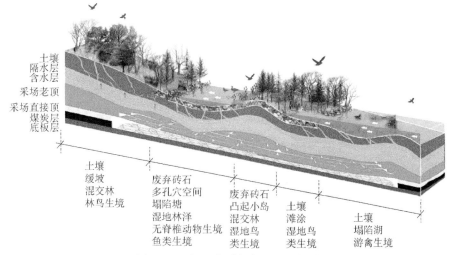

图9-17　地形-底质复合设计示意图

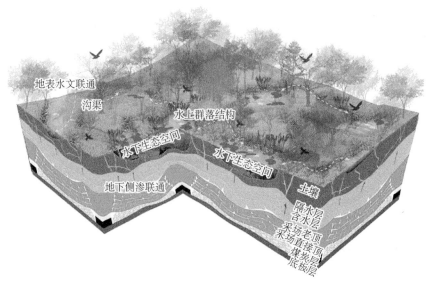

图9-18　水上-水下一体化生态结构设计示意图

（五）动物-植物协同设计技术

在湿地生态系统中，植物不仅为昆虫、鸟类提供栖息和庇护场所，而且为昆虫、鸟类提供食物来源；昆虫和鸟类则承担着为植物传播繁殖体的任务。湿地生态系统中植物与鸟类长期协同进化（Daniel，2016），形成稳定、多样性丰富的湿地生命系统。在太平采煤塌陷区新生湿地的恢复设计中，根据对生物多样性的本底调查，提出了动物-植物多物种协同的设计技术，由此形成多物种协同的稳定的食物网结构（图9-19）。

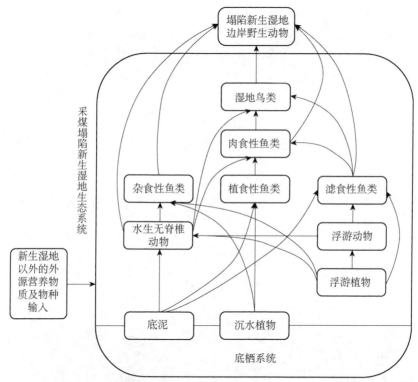

图9-19　采煤塌陷区新生湿地多物种协同形成的食物网结构

本书提出将新生湿地的动植物群落营建与多样化生境设计相结合，根据塌陷深度、地形起伏、水文条件、植物适应性与动物栖息需求，构建动物-植物协同设计的关键技术，为新生湿地生命景观的修复营建提供重要支撑。通过在林泽系统营建、塌陷塘、塌陷湖边岸湿地生境适当种植适生性乡土植物，形成塌陷地优良的植物群落结构，再通过陆生和湿地生境的设计，吸引鸟类、鱼类、水生昆虫，从而丰富新生湿地区域的生物多样性。

（六）以生物多样性保育为核心的多功能设计技术

在采煤塌陷区生态修复的设计中，确定主导功能优先，多功能耦合设计。塌陷区新生湿地的主导生态功能包括生物多样性保育、水源涵养、水质净化、雨洪调控等，辅助生态功能包括局地气候调节、生物产品供给、休闲游乐、文化科教等。生物物种的多样化与生态功能的复杂性和完整性紧密相关，多样化的生境类型及物种不仅奠定了采煤塌陷区新生湿地生物多样性的基础，而且其复杂的植物群落结构满足了水源涵养、水质净化等生态服务功能；此外，通过动植物的生产功能，为人类提供可进行经济利用的生物产品，如新生湿地中具有经济和观赏价值的菱角、芡实等药食多用的水生植物，以及湿地内的土著鱼类，它们是采煤塌陷区新生湿地特色生态产业的基础。

第五节　采煤塌陷区新生湿地生态系统修复效果评估

本书作者及其研究团队自 2014 年开展太平采煤塌陷区新生湿地生物多样性调查研究，2015 年开始陆续实施以生物多样性保育及提升为核心的生态系统修复，迄今已有 8 年。目前，太平采煤塌陷区生态修复设计已经产生了明显的生态环境效益、经济效益和社会效益，本章重点围绕生物多样性保育及提升，主要从以下四个方面进行效益分析。

一、多样性丰富、多物种协同的共生系统

自 2015 年实施以生物多样性保育、提升为核心的生态修复以来，迄今，修复后的太平采煤塌陷区，已成为生命的乐园，形成了多样性丰富、多物种协同的优良共生系统（图 9-20）。太平采煤塌陷区新生湿地已发现高等维管植物种类超过 400 种；冬季越冬水鸟达到 40 多种，越冬水鸟数量超过 2 万只；常年居留鸟类超过 100 种；珍稀濒危特有鸟类众多，其中，全球极危鸟类青头潜鸭在该区域的种群数量超过 200 只。

图 9-20　修复后采煤塌陷区新生湿地多样性丰富、多物种协同的共生系统

　　修复后，塌陷区新生湿地内的林泽已经成为凤头䴙䴘、黑水鸡、水雉（*Hydrophasianus chirurgus*）等湿地鸟类的产卵繁殖场所（图 9-21、图 9-22）。2019 年夏季，在太平采煤塌陷区柳树林泽（面积约为 3100m²）内发现了 6 个凤头䴙䴘鸟巢分布点（图 9-23）。凤头䴙䴘主要以鱼类、水生昆虫、软体动物、小型虾类和一些水生植物为食。繁殖期在每年 4～8 月，营巢多选择于具有隐蔽性较好的生长有挺水植物的浅水湿地。修复后该湿地内鱼类等食物资源较丰富，林泽的水下空间伴生有菹草、篦齿眼子菜（*Potamogeton pectinatus*）、芦苇和香蒲等水生植物，为凤头䴙䴘提供了丰富的食物来源和营巢的巢材。事实上，凤头䴙䴘的繁殖活动也为植物繁殖体的传播提供了帮助，使植物多样性得以维持。在林泽林窗之间睡莲（*Nymphaea tetragona*）自然生长，成为黑水鸡繁殖的"婚床"，黑水鸡在睡莲床上产卵繁殖，这些湿地鸟类对植物传播体的传播作用，维持了高的植物多样性。此外，调查发现栖息于塌陷区新生湿地的普通燕鸥（*Sterna hirundo*）以鱼类为食，其取食鱼类及飞翔活动，成为新生湿地鱼类传播的重要媒介。

图 9-21　修复后采煤塌陷区新生湿地林泽中的黑水鸡繁殖及雏鸟活动

图 9-22　修复后采煤塌陷区新生湿地水雉繁殖及雏鸟活动

图 9-23　修复后采煤塌陷区新生湿地林泽中的凤头䴙䴘营巢情况

二、林-水一体化的塌陷地动态景观系统

修复后形成了林、水、生、景有机整体，是采煤塌陷区生态修复的新形态和高层次升华，强调林、水协同共生。自 2015 年实施动态林泽生态修复以来，林、水一体化是采煤塌陷区生态修复的重中之重，由于加强了林、水复合体建设，如今，在太平采煤塌陷区呈现出了林水共存的美丽图景，形成林-水一体化的塌陷地立体生态网络（图 9-24）。

2018 年山东省鲁西南地区非常寒冷，塌陷区新生湿地的很多水面都结冰了，唯有林泽区域没有结冰，成为越冬水鸟的良好庇护所（图 9-25）。生态修复后，水上、水下空间层次的增加维持了良好的水动力条件，也为鸟类栖息和庇护提供了优良场所。

修复后的采煤塌陷区新生湿地，已成为生命的乐园，在邹城太平采煤塌陷区内，已发现超过 400 种高等维管植物，138 种鸟类，水鸟 70 多种，珍稀濒危特有鸟类众多。

(a) 2016年5月完成林泽栽种一年

(b) 2018年5月的林泽景观

(c) 2021年5月的林泽景观

图 9-24　修复后采煤塌陷区新生湿地林-水一体化的动态景观

图 9-25　采煤塌陷区新生湿地林泽已成为鸟类越冬优良场所

三、多物种耦合的塌陷地"减源–增汇"系统–塌陷地碳中和路径

森林、草原、湿地等自然生态系统在实现碳达峰和碳中和的目标上，同样能发挥重要作用，尤其是湿地具有较强的储碳功能。采煤塌陷区新生湿地形成后，通过减源和增汇发挥了碳中和的作用。一方面，因为塌陷区周边都是农田，华北平原的农事耕作所产生的面源污染比较严重，发育良好的塌陷区新生湿地系统对周边的农业面源污染具有较好的净化作用，达到明显的减源效果。此外，在经过生态修复后的塌陷区新生湿地上，沉水植物–漂浮植物–挺水植物–林泽树木形成了立体固碳系统，发挥了明显的碳汇作用（图9-26）。

图9-26　修复后采煤塌陷区新生湿地立体固碳系统

四、以生物多样性为核心的塌陷地生态产品系统

过去相当长一段时间，人们对采煤塌陷地的认识，总是对其负面的影响看得重一些，认为采煤塌陷地的形成会带来一系列危害。事实上，调查发现，太平采煤塌陷区塌陷一旦形成，很快发育为湿地，在塌陷形成新生湿地

后，1 年生和多年生宿根性湿地植物很快定植在塌陷区域，其中不乏具有经济价值的植物，如菱角、茭白（*Zizania latifolia*）、荸荠（*Eleocharis dulcis*）、香蒲等，这些湿地植物既具有极强的环境净化功能、景观价值，也具有较大的经济价值。采煤塌陷区新生湿地提供了很好的天然植物种源，丰富了动植物多样性，将采煤塌陷区新生湿地保护和利用结合起来，发展湿地农业、湿地产品加工利用、湿地生态旅游业，产生了明显的经济效益，从而最大程度地发挥了采煤塌陷区新生湿地生态系统的服务功能（张欣欣等，2021；Sun et al.，2019）。调查发现，塌陷前，太平采煤区多是以小麦、玉米种植为主的旱作农田，单位土地的产值不超过 1000 元/亩；仅以塌陷后新生湿地自然生长的菱角为例，在没有任何人工管理的情况下，这些新生湿地的每亩菱角产量超过 1500kg，若按照微山湖鲜菱角的市场价格 7 元/kg 计算，则采煤塌陷新生湿地的菱角产值可达上万元。近些年来，邹城市在太平采煤塌陷区进行了一系列尝试，在保护宝贵的新生湿地生物多样性的前提下，通过开展生态旅游，发展湿地农业，形成了一系列以生物多样性为核心的塌陷地生态产品。2021 年 6 月自然资源部印发了关于邹城市自然资源领域生态产品价值实现机制试点的批复，邹城市作为山东省唯一县级单位入选全国自然资源领域生态产品价值实现机制试点（图 9-27）。

图 9-27　以生物多样性为核心的采煤塌陷区新生湿地生态产品

第六节 小   结

解锁自然的力量，基于自然的解决方案，是采煤塌陷区生态修复的重要途径。尤其是针对塌陷区新生湿地生物多样性保育及提升这一重要任务，基于自然的解决方案至关重要。采煤塌陷区的生态治理，不仅是对土地复垦的考量，更是在保护与恢复生物多样性的基础上进行整体生态系统设计，全面优化新生湿地的生态系统服务功能，而基于自然的解决方案提供了应对上述需求的关键途径。

在山东省邹城市太平采煤塌陷区新生湿地所进行的以生物多样性为核心的生态修复设计与实践，是从动态生态系统设计与修复的角度，站在塌陷后采空区一直处在动态塌陷进程的角度，探索塌陷区新生湿地生态系统设计与修复的创新技术模式及调控机理。八年的设计与实践表明，集成顺应塌陷时间节律的动态设计技术、以生境单元为基础的空间结构设计技术、地形-底质复合设计技术、水上-水下一体化设计技术、动物-植物协同设计技术、以生物多样性为核心的多功能设计技术，所形成的基于生物多样性保育为核心的采煤塌陷区生态修复设计技术体系，适用于具有动态塌陷特点的采煤塌陷区。这一技术体系修正和优化了采煤塌陷区传统土地复垦的单一技术和单一目标，从生态系统整体设计角度，促进采煤塌陷区的多元再生与功能活化。通过八年的修复实践，在山东省邹城市太平采煤塌陷区再造了一个生命喧嚣的大地景观系统，创建了一个充满生命活力的塌陷区新生湿地生命景观样板；重建了一个生物多样性丰富的最优价值生命景观系统，形成了结构稳定、生物多样性丰富、多功能、多效益的新生湿地生态系统。山东省邹城市太平采煤塌陷区的生态修复实践，为我国平原采煤塌陷区生态修复树立了一个样板，是平原采煤塌陷区新生湿地生物多样性保育及恢复提升值得借鉴的模式。但已有的研究和修复实践，对采煤塌陷致灾条件下，塌陷区的水、土壤、生物等要素的耦合机理研究不够，对逆境生态修复的关键技术还有待进一步优化。

在未来的设计研究工作中，我们还需要进一步了解采煤塌陷区新生湿地生物多样性的形成和维持机制，以及演变趋势；了解煤矿开采区塌陷后的生态系统演变趋势及驱动机制，以及采煤塌陷区新生湿地生态系统动力学变化和景观演变机理；探索隐含在采煤塌陷区新生湿地生态系统背后的生态学机制及关键控制过程；研究在不同空间尺度上，采煤塌陷区生态系统调控的关键控制因子、调控关键技术及调控机理，通过创新性的动态设计技术和修复工程措施，有效保育和提升采煤塌陷区新生湿地的生物多样性。

第十章 退耕还湿——湖北朱湖多功能
复合圩田湿地系统设计

云梦泽是湖北省江汉平原古代湖泊群的总称，先秦时这一湖群的范围周长约 450km。后因长江和汉水带来的泥沙不断沉积，汉江三角洲不断伸展，云梦泽范围逐渐减小（邹逸麟，2005）。中华人民共和国成立以后，针对这一区域的防洪抗涝，修建了很多水利工程，有效控制了洪水泛滥。20 世纪 50～70 年代，云梦泽又经历了大规模围湖造田，使许多原来的沼泽区变成了良田（蔡述明等，1998）。现在的云梦泽古代湖泊群，已消退为一些相互分离的湖泊，古云梦泽的遗迹——两湖平原，成为全国闻名的粮棉油重要产区之一。云梦泽的萎缩与消失给人们以很大警示，如何防止湖泊的消亡与萎缩，是我们所面临的挑战（周凤琴，1994）。

近年来，对于因围湖造田消失的湿地，开始了退耕还湿的努力和尝试。2020 年，财政部、国家林业和草原局联合印发《林业改革发展资金管理办法》，明确湿地生态保护支出用于湿地保护与恢复、退耕还湿、湿地生态效益补偿等湿地保护修复。在《全国重要生态系统保护和修复重大工程总体规划（2021～2035 年）》中也明确提出"大力推行河长制、湖长制、湿地保护修复制度，着力实施湿地保护、退耕还湿、退田（圩）还湖、生态补水等保护和修复工程"。但同样值得注意的是，江汉平原需要进行退耕还湿的区域，也是近几十年来的重要粮棉油产区。因此，退耕还湿工程亟须与当地农民的生计相结合（张士英，2020）。如果无法形成有效的产业支撑，退耕还湿工程也难以长久持续。

在云梦泽所在的长江中下游，从唐代开始就有"圩田"，圩田是指在临近江河湖海的地势低洼地区，人工筑堤挡水形成的农田，在我国南方分布广泛，如长江中下游、江淮地区和江汉地区、珠江三角洲等地区（黄涛，2020）。圩田作为一种特殊的田地，在历史上曾为农业增产立下汗马功劳，是我国古代劳动人民与自然协同过程中的重要创造，也是农业发展史上的伟大进步。我们应该看到，圩田具有不可忽视的生态功能，最突出的就是水资源的灵活调配，水渠、内河与外围河湖构成一个完善的水系网络，具有很强的滞洪排涝和灌溉功能。如何借鉴古代圩田的传统智慧，在退耕还湿等湿地修复工作中赋予其新的内涵及更为强大的生态功能，需要我们积极探索、继承和借鉴。

本书选取湖北省孝感市孝南区朱湖国营农场范围内的朱湖国家湿地公园的向阳垸作为研究对象，针对前期已进行的部分退耕还湿试验地块和尚待恢复的地块，从生态系统整体设计角度，探讨将湿地恢复、生态系统服务功能优化、湿地生态经济发展有机结合，充分挖掘蕴含于圩田之中的生态智慧，基于自然的解决方案，提出了退耕还湿的可持续模式——多功能"林-塘-田-湖-岛"复合圩田湿地生态系统，这一模式对于长江中下游乃至类似区域的退耕还湿具有科学参考价值及技术借鉴意义。

第一节　研究区域概况

研究区域位于湖北省孝感市孝南区朱湖国家湿地公园的恢复重建区（113°53′33″～114°07′59″E，30°47′01″～30°51′28″N）（图 10-1），东起府河东堤，西至农联垸泵站，南以朝阳泵站为界，北至卧龙潭泵站，规划总面积5156hm²，湿地公园隶属朱湖国营农场管辖。朱湖农场是 20 世纪 50 年代在云梦泽低湖沼泽地上围垦开发组建的，于 1959 年建场。朱湖属古云梦泽，根据清代雍正年间的资料可知这个区域属于浅水沼泽区。

2013 年，在前期退耕还湿形成的湿地基础上，整合府河、沧河、澴河等河流湿地资源，申报了国家湿地公园，之后被批准成为国家湿地公园建设试点。2018 年通过国家验收，正式成为国家湿地公园。

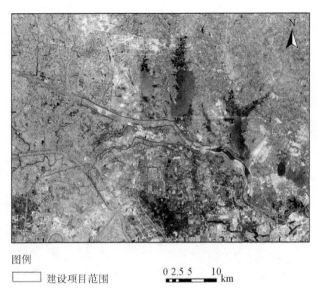

图例

☐ 建设项目范围

0 2.5 5   10 km

图 10-1　湖北朱湖国家湿地公园范围

　　湿地公园所在的孝南区位于长江以北，大别山、桐柏山山脉以南，江汉平原东北部。孝南区地势东北高，西南低，以平原湖区为主，区内河流密布。地貌主要分平原、丘岗两种类型。湿地公园所在区域属丘岗平原地貌区，海拔 20~50m，相对高度 0~30m，坡度在 6°以下。朱湖国家湿地公园为近代河流冲积而成的潜育性水稻土和潮积土，土壤颗粒均匀，质地疏松，理化性能好，土层深厚，有机质含量高，土壤 pH 为 5.5~8。该区域属亚热带季风区大陆性气候，多年平均气温 16.2℃，1 月最冷，极端最低气温达 −14.9℃；7 月中下旬至 8 月上旬最热，极端最高气温达 38.5℃。多年平均降水量 1146mm，降水量 7 月最高，12 月最低。年平均日照时数 2025h；无霜期 245 天。

　　孝南区区内有澴河、府河、沦河、界河 4 条干流和近 40 条支流。朱湖国家湿地公园内主要河流为澴河、府河和沦河。澴河发源于河南省信阳市的灵山黑沟，位于湿地公园西北部。府河发源于随州市大洪山北，流经湿地公园，在湿地公园内长达 24.8km，河道平均宽度 1062m。沦河是汉北河支流之一，流经湿地公园，在湿地公园内长 16.2km，河道平均宽度 460m。澴河、府河在汛期水位陡涨陡落，洪水来势猛，具有洪峰高、历时短、流速快的特性。河床两侧为宽缓的河谷，河漫滩发育，平均过洪流量为 4600m³/s。主要土壤类型为潜育性水稻土和潮土，理化性能好，有机质含量高。

朱湖国家湿地公园有高等维管植物 73 科 202 属 259 种，其中，蕨类植物 10 种，隶属 5 科 7 属；裸子植物 10 种，隶属 5 科 8 属；双子叶植物 154 种，隶属 52 科 131 属；单子叶植物 83 种，隶属 11 科 56 属，菊科、豆科、蔷薇科、唇形科、苋科、十字花科、木犀科、禾本科、莎草科、水鳖科、眼子菜科等是湿地公园的优势科。湿地公园野生植物中属于国家重点保护的有两种，分别是莲（*Nelumbo nucifera*）和野菱（*Trapa incisa*），均属国家二级保护野生植物。朱湖国家湿地公园共有野生动物 194 种，其中陆生野生动物 153 种，兽类 5 种，隶属于 5 目 5 科；鸟类 129 种，隶属 14 目 40 科；两栖类 8 种，隶属 1 目 4 科；爬行类 11 种，隶属 3 目 4 科。此外，湿地公园有鱼类 41 种。

研究区为朱湖国家湿地公园内的大湖和向阳垸圩田恢复区（图 10-2），大湖面积约 100hm²，圩田恢复区面积约 40hm²。2013 年以前大湖和圩田恢复区及周边都是农田，水稻和旱作镶嵌交错分布。一条灌溉水渠从大湖地块和圩田恢复区地块之间穿过。

图 10-2 2012 年实施退耕还湿之前研究区域内的大湖（1）和圩田恢复区（2）

2012 年朱湖农场利用湖北省的退耕还湿资金，将大湖所在的近似方形的地块进行恢复还湿。当时的做法是沿着 100hm² 地块的周边挖深 3m，形成比较规整的一个平均深度为 3m 的库塘，依靠灌渠输水和天然降水，深挖结束后蓄水形成约 100hm² 水面的库塘湿地。在挖湖的同时，通过保留土体的方式，随意形成了 10 多个分布于大湖的岛屿。由于该区域属古云梦泽湿地，土壤中湿地植物种子库非常丰富，所以在没有进行人工种植的情况下，恢复一年后湿地内芦苇（*Phragmites australis*）、香蒲（*Typha orientalis*）、荷花、菱角等湿地植物很快得到恢复和生长。原来有一条沟渠穿越大湖所在地块中间，众所周知，长江中下游区域有沿沟渠两侧种植池杉（*Taxodium ascendens*）和水杉（*Metasequoia glyptostroboides*）的习惯，因此，大湖蓄水后，原来分布于沟渠两侧的池杉没入水中，形成在水中生长的林泽树木。但由于整个湿地恢复及退耕还湿缺乏科学指导，没有进行地形设计和生态系统整体设计，大湖边缘岸线整齐平直（图 10-3），湖岸种植的竹柳（*Salix maizhokung*）等植物均成行成列整齐种植，人工痕迹浓重。大湖内的岛屿堆置生硬，岛屿上部未进行地形设计。水中的池杉整齐成行排列。2014 年 5 月初的考察表明，无论是景观形态，还是湿地的功能，研究区域都需要进一步优化和修复。

图 10-3　岸线顺直的大湖，湖岸园林式种植的植物人工痕迹较浓（2014 年 5 月拍摄）

研究区域的圩田恢复区是已经耕种了 60 多年的耕地（图 10-4），如何将经过围垦已变成农田的区域通过退耕还湿，发挥其多功能、多效益，朱湖农场面临着一系列严峻的挑战，包括：以何种形式恢复湿地，恢复的湿地如何更好地发挥雨洪调控、农业面源污染净化、生物多样性保育和提升功能；退耕还湿如何与农民生计和产业发展相结合；如何在发挥湿地景观美化及休闲游憩功能的同时让湿地产出丰富的生态产品，并实现生态产品的价值转化。因此，朱湖国家湿地公园的退耕还湿应当以多功能、多效益为关键进行考量。

图 10-4　研究区域内通过 20 世纪 50 年代末围垦形成的耕地（2014 年 5 月拍摄）

第二节　修复目标

以生态系统服务优化为目标，应对退耕还湿的多功能需求，应对不断变化的环境，针对大湖和圩田恢复区进行适应性设计。通过修复，优化大湖湿地形态，提升大湖湿地的生态服务功能；恢复传统圩田湿地形态、结构，将传统农耕智慧融入湿地多功能需求。通过对大湖和圩田恢复区的整体修复，让生命回归退耕土地，使退耕后修复的湿地生物多样性得到极大提升，形成"林-塘-田-湖-岛"多功能复合圩田湿地生态系统，让恢复地块呈现云梦泽湿地的美丽景观和生机，充分展示长江中下游圩田湿地农业文化遗产；通过修复，打造长江中游退耕还湿样板，形成以湿地经济为支撑的湿地产业景观系统。

第三节　多功能圩田生态系统修复设计与实践

一、设计技术框架

提出大湖"五素协同"、圩田恢复区"四素同构"的设计理念，通过立体生态空间和圈层状湿地结构设计，整合面源污染净化、生物多样性保育、湿地经济发展等多功能，将水文过程、理化过程、生物过程等生态过程融入设计之中，提出朱湖退耕还湿模式——"林-塘-田-湖-岛"多功能复合圩田湿地生态系统设计的技术框架（图 10-5）。

（一）要素设计

大湖"五素协同"，圩田恢复区"四素同构"。大湖"五素协同"：设计中将地形、水位、湖岸、植物、岛屿生境综合协同考虑，通过"五素协同"设计，形成大湖"水泽-草泽-林泽"复合湿地生态系统。圩田恢复区"四素同构"：通过圩田恢复区塘、基、草、水"四素同构"设计，形成多功能圩田生态经济体系，以湿地经济发展（湿地的生物生产功能等）、农田面源污染净化、生物多样性保育、雨洪调控为主导生态功能，兼顾局地气候调节功能、景观美化功能等。

（二）结构设计

大湖与圩田恢复区作为一个整体，从水下到水上形成一个立体圈层生态空间；从水面/水岸空间到浅水区、深水区，形成圈层状结构。

（三）功能设计

秉承主导功能优先，多功能并重的原则，重点针对面源污染净化、生物多样性保育和提升、湿地经济发展等功能，将湿地的多功能融合于退耕还湿的结构设计之中。

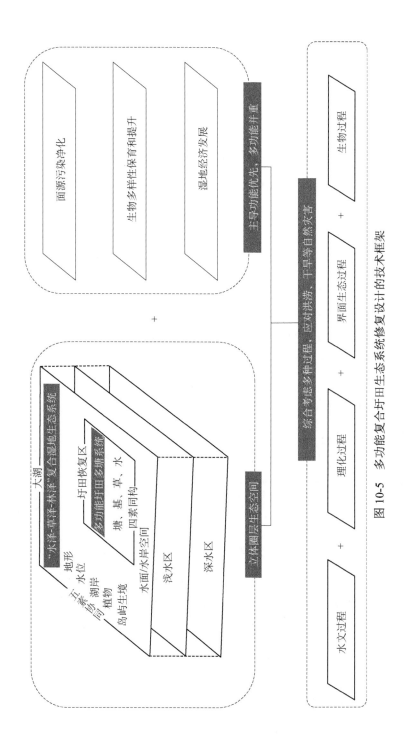

图 10-5　多功能复合圩田生态系统修复设计的技术框架

（四）过程设计

由于地处长江中游江汉平原，面临洪涝、干旱等自然灾害的影响，因此在设计中综合考虑水文过程、理化过程和生物过程。

二、设计技术与实践

（一）大湖恢复区——水泽-草泽-林泽的云梦湿地生命景观模式

参照古云梦泽的"浅水湖泊-浅水沼泽"模式，将大湖的地形、水位、湖岸、植物、岛屿生境综合协同考虑，进行"五素协同"设计。以地形设计（包括水下地形设计和水上地形设计，水上地形设计重点针对湖岸及岛屿）、水位调控相结合的技术，利用古云梦泽区域土壤中丰富的种子库，构建"水泽-草泽-林泽"镶嵌交错的云梦湿地生命景观。大湖的恢复强调以自然的自我设计为主，人工调控为辅。

2014 年年底开始的修复优化，将地形、水位、湖岸、植物、岛屿生境综合协同考虑，对湖底地形进行重塑，维持大湖平均水深 2.0m，局部深挖，将深挖和堆置相结合，土石方就地平衡，由此将大湖滩涂、浅水、深水相结合，保留退耕之前原有农田中的输水沟渠，成为大湖的深水沟道。深水区和深水沟道成为大湖鱼类的良好栖息、保护和越冬场所，以及游禽栖息的优良生境；浅水区和滩涂成为底栖动物和鸻鹬类等涉禽的良好生境。

将地形重塑与岛屿生境优化结合起来。原来的岛屿没有进行专门设计，大多数岛屿为圆顶状，岛周为陡岸。2015 年利用湖底地形重塑的机会，将大湖中的岛屿进行结构优化。将每个岛屿的岛周地形放缓，形成岛周的缓坡边岸；对岛上地形进行修饰，降低岛屿高度，平均高出水面 1.5～2.0m，岛上地形平整，局部形成浅洼地，甚至小水氹。保留岛上原有的柳树等一些树木，但将树木密度大大降低，形成疏林岛屿。修复后的岛屿有利于游禽栖息（包括夜栖），以及林鸟、灌丛鸟和草地鸟的栖息。在部分岛屿周边的浅水区稀疏种植耐水乔木和灌木，挺水植物任由其自然恢复。修复后，由于地形格局的优化，围绕部分岛屿，从深水区到浅水区草本沼泽、再到岛屿边岸林泽，形成水泽-草泽-林泽的生态序列和优美景观（图 10-6）。

图 10-6　围绕岛屿从深水区到浅水区的水泽-草泽-林泽景观

在岸线优化方面，对湖岸地形进行重塑，通过适度的蜿蜒化处理，增加湖岸环境空间的异质性。同时，通过不同种类、不同生活型的本地自生植物的自然恢复，对湖岸的蜿蜒特征加以强化并产生更丰富的边岸小微生境（图 10-7）。

图 10-7　修复后大湖的自然蜿蜒水岸

　　大湖的植被修复主要以自然恢复为主。由于这个区域过去是古云梦泽的组成部分，土壤中水生植物的种子库非常丰富，修复之后，在满足长期淹水和季节性水位变化的条件下，种子库萌发、生长，芦苇、香蒲、荷花、芡实（*Euryale ferox*）、菱角、荇菜（*Nymphoides peltata*）、眼子菜（*Potamogeton distinctus*）等自然萌发（图 10-8），生长良好。原来在大湖中的池杉是整齐成行的，因为长江中下游有沿道路和沟渠两侧种植水杉、池杉的习惯，大湖蓄水后，原来沟渠两侧的池杉在水中排列整齐，显得生硬、缺乏自然野趣。利用湖底地形重塑的机会，将原有的部分池杉进行就地移栽，将池杉的空间位置进行调整优化。修复优化后，错落排列的池杉与自然萌发的荷花等挺水植物形成了优美的湿地景观（图 10-9），更加有利于水鸟的栖息。

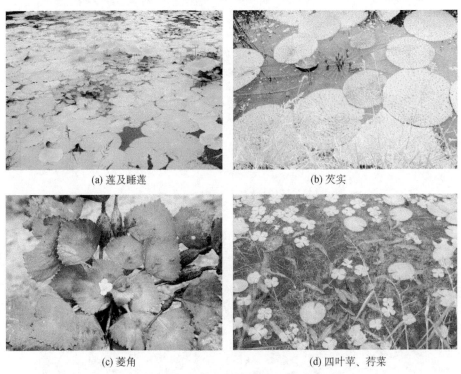

(a) 莲及睡莲　　　　　　　　　　　(b) 芡实

(c) 菱角　　　　　　　　　　　(d) 四叶苹、荇菜

图 10-8　朱湖依靠土壤种子库萌发的水生植物

图 10-9　修复优化后错落排列的池杉与自然萌发的荷花形成了优美的湿地景观

水下地形的处理，以及岛屿地形重塑，形成了深水区和浅塘交替的生境格局，为湿地植物生长和底栖动物、鱼类、水鸟的栖息提供了优良的生境条件。此外，在修复优化中，通过将大湖与周边水系连通，实现水文连通和水位合理调控；水位与地形相结合，更好地满足植物生长和鸟类栖息的需求。

（二）圩田恢复区——多功能圩田生态经济体系

1. 地形重塑及结构施工

2014 年完成圩田恢复区的设计，2014 年年底至 2015 年年初进行地形施工（图 10-10）。圩田恢复区由南部的多塘湿地（基塘区）、中部的圩田区和北部的稀树林泽（林泽区）、岛链区组成（图 10-11）。地形施工是在原有农田的基础上，通过挖、填、堆相结合的方式，所有土石方就地平衡。整个圩田恢复区的平均深度为 2.0m，但水下地形不均一，近岸处深度小，营造浅水区，圩田组团之间的水道较深，多塘湿地的潟湖水较深。北部稀树林泽-岛链区，每个岛周为平缓过渡的浅水区，岛与岛之间为深水区，林泽组团所在区域为浅水区。通过水下地形营建，为鱼类等水生生物提供优良栖息和庇护场所，也为不同生态类型的鸟类提供良好生境。

图 10-10　圩田地形施工

　　圩田恢复区内，圩田系统与东、西侧土堤之间的明水面宽度控制在 10m 左右。在圩田系统中，根据功能需求设计了大小、形态、深浅不一的湿地塘群（图 10-12）；每 70 多个湿地塘组成一个圩田组团，各组团之间通过 6m 宽的水道相连。每个湿地塘面积控制在 50～300m²，塘体结构避免呈现规则几何形态，塘岸蜿蜒，岸坡平缓。其中，塘、基、草、水是湿地塘的主要构成要素：塘作为圩田系统的基本水体调蓄、涵养单元，也是湿地动植物群落的基本生境；一部分较大的湿地塘中设计营建了深水氹（图 10-13），进一步加强塘系统应对洪涝和干旱等极端灾害性天气的韧性；塘基既维持了湿地塘的基本形态，又提供了自生灌草丛的生长空间。

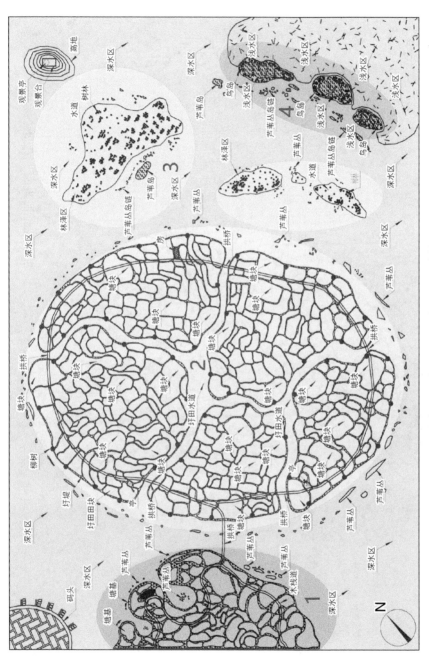

1-基塘区 2-圩田区 3-林泽区 4-岛链区

图 10-11 圩田恢复区布局图

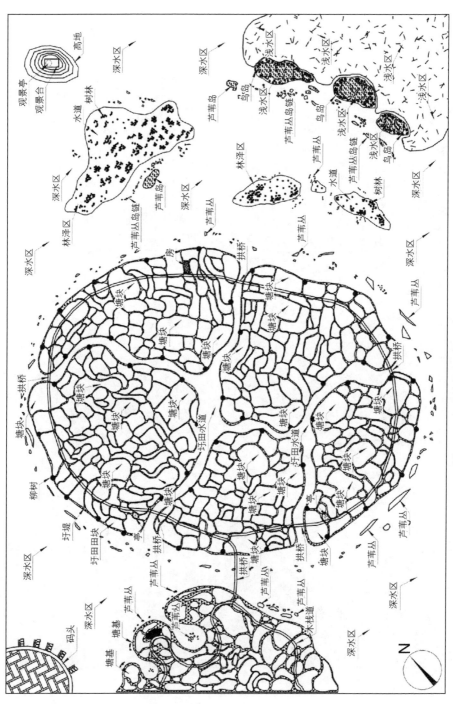

图 10-12 多功能圩田设计示意图

图 10-13　圩田湿地塘内的深水凼

2. 植物种植及恢复

2015 年春季完成圩田湿地塘中的植物种植，5 个圩田组团周边被水包围（图 10-14）。由于该区域位于朱湖国家湿地公园的恢复重建区，既要满足湿地生态经济的功能需要，也要满足污染净化、科学研究及科普宣教的需求。因此，在 40hm² 的圩田恢复区内的南边，设计了湿地多塘系统（图 10-15），北部以团块状（岛状）种植的林泽（水生乔木林）进行空间分隔，同时形成圩田湿地体验区的背景林际线，丰富景观层次，以利于对临近道路的路面地表径流的污染净化。在圩田的塘内种植具有经济价值的各种水生蔬菜、水生作物和水生花卉（图 10-16），水生蔬菜种类包括莲、慈姑、荸荠（*Eleocharis dulcis*）、茭白（*Zizania latifolia*）、菱角等，水生作物主要是水稻（*Oryza Sativa*），水生花卉主要包括水生美人蕉（*Canna glauca*）、睡莲（*Nymphaea tetragona*）、荇菜、金银莲花（*Nymphoides indica*）等。

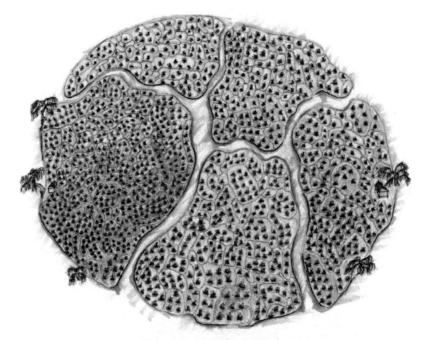

图 10-14　圩田整体效果示意图

图 10-15　圩田区南面的多塘湿地（下方为多塘湿地）

图 10-16 生长水生蔬菜的圩田

在圩田区北面，重点针对鸟类的栖息需求，设计营建稀树林泽与若干小岛的镶嵌生境（图 10-17）。北部片区以明水面为主，建造 3～5 个作为鸟类栖息地的小岛，呈不规则形状，岛屿中部设计浅水塘。设计片状林泽团状分布于该水域，种植池杉、落羽杉、乌桕、杨树等。

图 10-17 圩田区北面稀树林泽与若干小岛的镶嵌生境

3. 圩堤岸坡设计

每个圩田组团的圩堤平均宽度为 1.0m，外侧圩堤与大湖水面的设计相对高差为 0.8m。圩田内部圩堤与塘的水面相对高差为 0.4m（各圩田塘块之间水位基本持平，实际水深通过圩田深度进行调整）。进行圩堤的柔性设计，使圩堤岸坡变缓，在圩堤上部设计不同高低起伏的洼地，以利水生生物生存，形成自然群落（图 10-18），便于水生植物定植和底栖动物及昆虫等生物栖息。圩堤露出水面 80cm，沿圩堤坡面自然形成多层次植物配置。

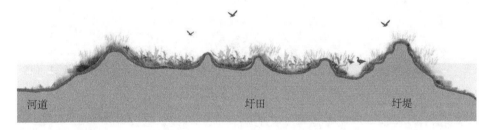

图 10-18　圩堤形态

4. 水位控制及水文连通

圩田组团间水道最大设计水深为 2.0m。圩田组团补水（进水）点可设置为 1 个，出水口可设置多个（选择性地在外围圩田靠近水道一侧预留溢水堰），以便后期管理过程中灵活控制各湿地塘水位，且不影响塘间的水力流动。每个圩田组团内各湿地塘之间有水力连通结构，采用废弃瓦块做成湿地塘之间的连通水道（图 10-19）。将水泵入圩田区域内，然后通过自流方式灌溉于整个圩田区各湿地塘（图 10-20）。整个圩田恢复区的水位低于湖岸基准面 1.0m，圩田恢复区平均水深 2.0m。圩田各组团内水位高出整体圩田恢复区水面的水位。圩田内各湿地塘的水深控制在 0.4～1.0m，总体原则是大塘水深，小塘水浅。

图 10-19　圩田组团内各湿地塘之间的连通水道

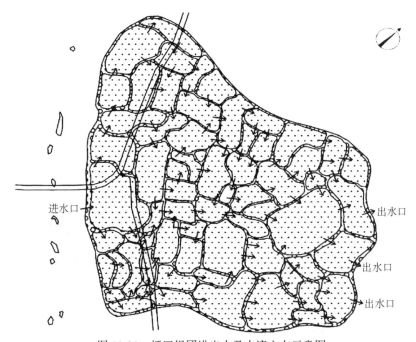

图 10-20　圩田组团进出水及水流方向示意图

第四节　多功能圩田生态系统修复效果评估

自 2014 年年底开始对大湖进行优化修复，修复重建圩田之后，研究区域湿地形态优美，形成了独具特色的"林–塘–田–湖–岛"多功能复合圩田湿地生态系统（图 10-21）。修复的区域，植物种类丰富，已经成为水鸟越冬的乐园。大湖的湿地形态优美，通过地形设计和重塑，在自然的自我设计作用下，本地自生湿地植物恢复生长，沉水植物发育良好，浅滩及湖岸的挺水植物及镶嵌其中的稀树乔木、灌木形成优良的群落结构，大湖呈现出"水泽–草泽–林泽"的湿地生命景观（图 10-22）。由于进行了水下地形的塑造，林泽树木与周边的挺水植物形成了水上立体生态结构（图 10-23）。大湖水域内鱼类种类及种群数量多，加上栖息的底栖动物，为鸟类提供了良好的食物条件，因此，大湖已经成为朱湖国家湿地公园鸟类栖息和越冬的最主要场所（图 10-24），冬季栖息在林泽树木上的普通鸬鹚（*Phalacrocorax carbo*）和鹭类常常形成"生命之树"的美丽生物景观（图 10-25）。岛屿和浅滩成为鸟类栖息和觅食的优良生境。

图 10-21　修复后的"林–塘–田–湖–岛"多功能复合圩田湿地生态系统

图 10-22　大湖"水泽-草泽-林泽"湿地生命景观

图 10-23　大湖林泽树木与周边挺水植物形成的水上立体生态结构

235

图 10-24　大湖已经成为水鸟的生命湖

图 10-25　栖息在大湖林泽树木上的普通鸬鹚形成"生命之树"景观

圩田内的水生蔬菜长势良好，并产生了可观的经济价值（图10-26、图10-27）。朱湖退耕还湿的多功能圩田生态经济体系模式，在优化提升乡村湿地生态环境质量的同时，实现了良好生态本底与生态产品价值转化的协同共生。

图 10-26　修复重建的朱湖向阳垸多功能圩田系统

图 10-27　圩田内长势良好的水生蔬菜和水生作物

朱湖农场的退耕还湿使得原来的农田变身为美丽的湿地，生态环境质量大为改善和提升，芡实、水葱（*Scirpus validus*）、莼菜（*Brasenia schreberi*）等10多种一度在朱湖区域销声匿迹的野生湿地植物得以恢复。朱湖国家湿地公园目前共有野生鸟类217种，隶属于13目28科；湿地公园核心区常年栖息着各种野生鸟类5万多只；研究区域的大湖和圩田恢复区常年栖息鸟类3

万只左右。青头潜鸭、小天鹅、白额雁（*Anser albifrons*）、雀鹰（*Accipiter nisus*）等 20 多种国家级保护野生动物栖息在这片湿地，生机盎然。

此外，修复后的"林-塘-田-湖-岛"多功能复合圩田湿地作为退耕还湿之后的湿地生态系统整体，在朱湖农场范围内，也发挥着良好的涵养水源、调节气候、净化农田面源污染、调控雨洪作用。在 2017 年 7 月江汉平原（尤其是武汉、孝感等区域）的洪涝灾害中，大湖及圩田恢复区发挥了极其重要的削峰滞洪、调控雨洪的作用。

第五节　小　　结

圩田是源于唐代、盛于宋代的古水利工程，在解决用地和水资源调控之间找到一种较好的结合方式。如何挖掘和继承古人的传统智慧，在环境不断变化的今天具有重要意义。长江中下游区域历史上围湖造田使得大面积湿地成为耕地，不仅仅影响洪水调控，也对水资源及湿地生态系统健康造成很不利的影响。仅仅以生态环境改善为目标的退耕还湿，无法解决当地农民的生计发展难题，因此在湖北朱湖农场或者类区域中都难以长久持续。如何将退耕还湿与生态环境质量改善及生态经济发展有机结合起来，这就是本书所追寻的多功能、多效益的湿地生态系统修复的本源。

在朱湖生态修复中，我们看到自然恢复力量的强大，如土壤湿地植物种子库的巨大作用，地形修复及水文连通设计所发挥的多功能生境的作用，这就是基于自然的解决方案。其中，大湖提供的"水泽-草泽-林泽"云梦湿地生命景观与圩田恢复区提供的圩田生态经济体系耦合形成"林-塘-田-湖-岛"多功能复合圩田湿地，在雨洪调控、水源涵养、生物生产、景观美化、污染净化与生物多样性保育等诸多方面起到关键作用。

我们处在一个不断变化的环境之中，如何应对变化的环境，是湿地生态系统修复设计必须要考虑的。只有对自然和人类都有好处的生态系统设计，才是永久可持续的。

第十一章　生命喧嚣——河北北戴河滨海 湿地鸟类生境修复

北戴河及沿海湿地地处东亚-澳大利西亚候鸟迁徙通道上（许唯枢，1990；倪永明和李湘涛，2009），每年约有数百万只候鸟经过这里，还有种类数量可观的夏候鸟和留鸟在本地繁衍生息，被中外观鸟爱好者誉为"观鸟的麦加"。北戴河国家湿地公园处于秦皇岛市北戴河区中部，是秦皇岛市重要的城市绿色生态空间，也是维护滨海生态安全的重要屏障。北戴河国家湿地公园位于新河与海洋交汇处，河、海、林、田、塘交错镶嵌分布，与周边的海滨国家森林公园构成了湿地、森林等多样化生态系统，为区域及周边发挥着气候调节、水源涵养、防洪抗灾等生态服务功能，同时也为众多越冬候鸟提供良好的栖息环境和繁衍生息的净土。但近年来新河上游农村养殖业的发展，对新河水质造成了较严重的污染，又由于防潮闸的限制，常水位状态下水体流动性变差。湿地公园内水生植物种类较贫乏，植物群落结构单一。

针对上述情况，本书作者及其研究团队以北戴河国家湿地公园的滨海湿地、河流湿地、库塘湿地等构成的自然与人工复合湿地系统为主体，以独具魅力的北方滨海潮坪湿地和森林-湿地景观为特色，开展了重点针对鸟类生境的滨海湿地修复，提出了"林-海-塘-河-田-沼"滨海复合生态系统修复模式，可为滨海湿地修复及鸟类生境修复提供科学参考。

第一节　研究区域概况

一、自然环境概况

研究区域地处河北省秦皇岛市北戴河区中部（图 11-1），东部为渤海湾。研究区域位于北戴河国家湿地公园范围内，公园所在的北戴河区地质构造属燕山沉降带的次一级构造单元——山海关隆起，受燕山运动、河流和海相运动影响，海岸地貌典型，有河流三角洲、潟湖砂坝和沿岸沙丘。湿地公园内地形平缓，地势西北高、东南低，海拔为 0.0～6.0m。受河流冲积、海积及人工干扰影响，有平地、洼地、岩滩-海蚀平台、河口三角洲等地貌类型。

图 11-1　北戴河国家湿地公园地理位置

北戴河国家湿地公园属暖温带半湿润季风气候，春温、夏凉、秋暖、冬寒，四季分明。因其位于东部沿海季风环流区，受海洋气候影响，具有多风、湿润、雨量适中且气候宜人的海洋性气候特点。年平均气温为 11.5℃，极端最高气温为 37.4℃，极端最低气温为 -24.3℃。年平均日照时数为

2568.6h，年平均降水量为 680.0mm，集中在 6～8 月。湿度较大，年平均相对湿度为 60%～62%。无霜期为 281 天。

公园内的水系主要由新河、小薄荷寨排水沟、大赤排洪沟和刘赤排洪沟组成，以河流、鱼塘和洼地为公园水系展开面，形成现状水系。新河发源于抚宁县栖云寺山东麓，流经北戴河甘各庄、蔡各庄，全长 15.0km，其中 14.0km 流经北戴河区。新河在流经湿地公园后，过赤土山大桥，注入渤海。公园内的人工水系主要由排水沟和鱼塘构成。排水沟主要有小薄荷寨排水沟、大赤排洪沟和刘赤排洪沟，流经公园面积为 3.2hm²。库塘分布在公园内新河东南部与新河北岸沿滨海大道处，库塘总面积为 19.4hm²，占公园面积的 6.3%。

渤海海相运动形成了湿地公园内海水的潮汐、潮流、潮位、海浪及海水盐度与水温等变化。海水潮汐运动导致海水有规律地涨退变化，受海水波浪强烈推动作用和海湾微地形影响，在此形成了一个宽阔的大潮坪，其连接新河入海口，构成了湿地公园独特的自然水系。

北戴河国家湿地公园内土壤类型主要有潮土、沼泽土与水稻土三个土类中的砂质潮土、砂壤质潮土、轻壤质潮土、盐化沼泽土和盐渍水稻土等五个土属。

北戴河国家湿地公园内湿地资源丰富，类型多样。自然湿地包括滨海潮坪及潮沟湿地（图 11-2）、盐沼湿地（图 11-3）、河口湿地、永久性河流湿地（图 11-4）、洪泛湿地、草本沼泽、森林沼泽；人工湿地包括库塘湿地（图 11-5）、输水渠湿地、稻田湿地。滨海潮坪湿地是北戴河国家湿地公园滨海大道以东的大潮坪区域，是具有明显周期而无强烈波浪作用的平缓海岸地带。大潮坪上部发育着以芦苇（*Phragmites australis*）为主的沼泽及以盐地碱蓬（*Suaeda salsa*）为主的盐沼；大潮坪潮下部分主要被潮汐水道、水下砂坝或砂滩所占据。盐沼主要分布在新河河口及大潮坪的高潮带及潮上带区域，包括盐地碱蓬盐沼、碱菀（*Tripolium vulgare*）+盐地碱蓬盐沼、盐角草（*Salicornia europaea*）盐沼。新河河口区域，是咸淡水交混环境，鱼类种类多，是水鸟的重要觅食区域。库塘湿地主要分布在湿地公园内东南角，包括新河以南的 23 个塘，以及新河东北的库塘。这些水塘大多数是过去的养鱼塘、养虾塘。目前这些湿地塘的形态较自然，部分水塘芦苇、香蒲（*Typha orientalis*）等湿地植物发育良好，成为鸟类生境。部分塘（如2号塘）的沉水植物发育较好，形成了良好的水下生态空间；还有一部分塘人工种植了荷花及其他一些水生植物。

图 11-2　北戴河国家湿地公园滨海潮坪及潮沟湿地

图 11-3　北戴河国家湿地公园潮坪上部的盐沼湿地

图 11-4　北戴河国家湿地公园永久性河流湿地（新河）

图 11-5　北戴河国家湿地公园内的库塘湿地

北戴河国家湿地公园植物区系属于泛北极植物区的中国日本植物亚区，共有维管植物 189 种，隶属 56 科 137 属。其中苔藓植物 6 科 7 属 7 种；蕨类植物 3 科 3 属 3 种；裸子植物 2 科 2 属 2 种；被子植物 45 科 125 属 77 种。被子植物中绝大部分为草本植物，乔木及灌木稀少。主要植物有刺槐

（*Robinia pseudoacacia*）、旱柳（*Salix matsudana*）、柽柳（*Tamarix chinensis*）、盐地碱蓬、碱蓬（*Suaeda glauca*）、白刺（*Sophora davidii*）、芦苇、碱菀和香蒲等。公园陆生脊椎动物资源丰富，由于地处候鸟南北迁徙沿海通道，丰富的海洋生物资源及生态环境为鸟类提供了良好的能量食物补充地及栖息地，湿地公园已记录 369 种鸟类，隶属于 22 目 70 科。以雀形目鸟类最多，有 86 种，占总数的 38.4%，其次是鸻形目、雁形目和隼形目，分别占总数的 13.8%、11.2%和 7.6%。从栖息环境来看，主要活动于河流、海滩、坑塘、沼泽、草甸等湿地鸟类有 110 种，占总数的 49.6%。公园内保护动物种类众多，其中，国家一级保护野生动物有白鹳（*Ciconia ciconia*）、金雕（*Aquila chrysaetos*）、白尾海雕（*Haliaeetus albicilla*）、白头鹤（*Grus monacha*）、丹顶鹤（*G. japonensis*）和白鹤（*G.leucogeranus*）6 种；国家二级保护动物有角鸊鷉（*Podiceps auritus*）、黄嘴白鹭（*Egretta eulophotes*）、大天鹅（*Cygnus cygnus*）、苍鹰（*Accipiter gentilis*）、鹊鹞（*Circus melanoleucos*）、红脚隼（*Falco vespertinus*）、红隼（*Falco tinnunculus*）、灰鹤（*Grus grus*）、白枕鹤（*G. vipio*）、蓑羽鹤（*Anthropoides virgo*）、小杓鹬（*Numenius minutus*）、纵纹腹小鸮（*Athene noctua*）和蓝翅八色鸫（*Pitta brachyura*）等 31 种。

二、湿地公园发展历史

中华人民共和国成立初期，北戴河国家湿地公园所在地为河流冲积和海积沙滩地，属冀东沙荒地的一部分。20 世纪 50 年代初期，为了治理该地区大面积沙荒地，河北省政府成立了冀东沙荒造林局，组建了海滨、团林、渤海、山海关等 6 个国营林场，陆续营造了大面积以杨树、刺槐为主要造林树种的人工林（公园内现有大部分林地均为那一时期保留下来），使沿海沙荒地得到治理。湿地公园在这一地带因地势低洼，且有新河穿过，除高埠地段营造了部分林地外，多数地段因长年积水，呈现为河流和沼泽、洼地状态。2006 年秦皇岛市政府把林地与湿地统筹规划作为城市生态保护区域。2009 年 8 月秦皇岛市积极申请北戴河国家湿地公园试点，2011 年由国家林业局批准北戴河作为国家湿地公园建设试点，2015 年通过了国家林业局组织的验收。

三、存在的问题

北戴河国家湿地公园水源主要来源于新河补水。湿地出水虽与新河连接，但由于防潮闸的限制，湿地水系基本处于封闭状态，常水位下没有水体交换。近年来，随着周边畜牧业的发展，新河水质由原来的Ⅱ类变为局部Ⅴ类水（补水季）。特别是新河以南的两个水体，呈现重度富营养化状态，夏秋季节部分渠段常暴发蓝藻。污染严重的南部园区水域面积达到 $11hm^2$，由于历史原因，水面分割、沟渠互不连通，带来一系列问题，包括：①水体流动性差，沟渠水系缺乏有效水源补给，水质普遍较差；②公园内沟渠、塘湖虽多，但水环境容量偏低；③岸线渠化现象严重，岸线为沙质土壤，易造成水土流失，使得岸线残缺、渠化现象严重；④水生植物种类较贫乏，群落结构单一，生境条件较差。

湿地公园的恢复重建区东侧邻近滨海大道，滨海大道对东侧大潮坪与西侧的库塘-河流湿地形成了物理阻隔（图11-6），来往车辆噪声及夜间光污染对栖息在这里的鸟类影响较大。恢复重建区是大潮坪鸟类的重要补充栖息场所，但由于缺乏大水面、浅水滩涂以及优良的庇护场所，因此这个区域没能真正发挥其作为大潮坪鸟类补充生境的功能。湿地公园西侧的多塘系统区，塘的形态生硬，缺乏蜿蜒的塘岸线，整体结构不合理，功能有待优化。

图11-6　北戴河国家湿地公园东侧大潮坪与西侧库塘-河流湿地区被滨海大道分隔

第二节 修复目标

北戴河作为滨海湿地生态系统类型的湿地公园，在北方滨海湿地资源的保护与可持续利用中具有很强的代表性。当前，我国海岸线多数已被人工开发，自然海岸线极其稀少，因此保留着大面积自然潮坪，且高潮带以上的潮上带区域形态自然、湿地保护良好的北戴河国家湿地公园，在我国滨海湿地保护格局中居于重要地位。在全球变化背景下，陆海相互作用备受关注（骆永明，2016；伊飞等，2011）。滨海湿地作为陆海交错带的组成部分（程敏等，2016），本身具有重要的生态服务功能，对全球变化响应敏感（陈梦缘等，2021），是陆海相互作用研究的重要对象，也是保护和管理的重要单元。因此，北戴河国家湿地公园的保护具有国际意义。北戴河地处亚太候鸟迁徙路线的东亚-澳大利西亚迁徙路线上，是候鸟迁徙路线上的重要中转站、停歇地和食物补充地，鸟类资源极其丰富（付梦娣等，2021；陈克林等，2015；陈克林，2006）。面对北戴河国家湿地公园存在的问题，为了保护珍贵的滨海湿地资源，为鸟类提供更为优良的栖息生境，必须对北戴河国家湿地公园尤其是恢复重建区开展湿地修复。

本书基于自然的解决方案，运用自然恢复与自我设计为主、人工调控为辅的手段，修复北戴河国家湿地公园的滨海湿地生态系统，力求在最大限度保留原生滨海湿地生态特征与自然风貌的基础上，形成以滨海湿地、河流湿地、库塘湿地为主体的多样化自然-人工复合湿地系统，呈现北方滨海潮坪湿地和森林湿地的独有魅力景观。同时，书中重点关注滨海湿地的鸟类生境修复重建，保护区域内的丰富水鸟资源，并使其种类及种群数量保持稳定、逐步增加。研究提出"林-海-塘-河-田-沼"滨海复合生态系统模式，打造以鸟类生境修复为主要目标的北方滨海湿地生态修复样板。

第三节　滨海湿地鸟类生境修复设计与实践

一、整体设计思路

北戴河国家湿地公园鸟类资源丰富，是候鸟迁徙重要的中转站。为减少人为干扰，保护湿地公园内鸟类资源，提高修复的针对性，需要以鸟类作为目标物种，对湿地公园的生境结构进行优化和提升。根据北戴河国家湿地公园滨海湿地特征与作为候鸟迁徙中转站的功能，以湿地公园中的珍稀濒危鸟类，以及黑水鸡（*Gallinula chloropus*）、小䴙䴘（*Podiceps ruficollis*）、白鹭（*Egretta garzetta*）等本地繁殖鸟，以及鸻鹬类、鸭科、鸥科等迁徙鸟，作为主要目标鸟种，进行鸟类生境修复设计。

大潮坪是白鹭、苍鹭（*Ardea cinerea*）、黑翅长脚鹬（*Himantopus himantopus*）、绿头鸭（*Anas platyrhynchos*）、斑嘴鸭（*Anas zonorhyncha*）等湿地鸟类集中分布、休憩、觅食的区域。潮汐是强烈的外围扰动，是滨海滩涂湿地的显著特征，涨潮时游禽、涉禽移动路线见图11-7，生态保育区内的大潮坪淹没，原本在大潮坪中觅食、休憩的涉禽、游禽鸟类将失去栖息地。而北戴河滨海公路后的区域多为住宅区、疗养院，生境结构单一，人为干扰强，难以成为鸟类在涨潮时的应急庇护功能生境。针对滨海湿地潮水上涨淹没滩涂湿地这一问题，将湿地公园内恢复重建区与合理利用区设计为鸟类庇护功能生境。

橡胶坝对新河河口上游来水进行拦蓄，将大潮坪与生态保育区新河部分、合理利用区、生态保育区的水文联系阻隔，在空间上进行了切割。拟将恢复重建区与合理利用区改造为涨潮时湿地鸟类重要庇护生境。在对湿地公园的整体水环境设计时，必须通过沟渠贯通、水泵调节等手段实现研究区域内水文连通。

恢复重建区是鸟类生境修复的核心区域，通过水文连通、水位高程控制、底质改造，以及增加潟湖、牛轭湖等生境结构，丰富鸟类栖息地类型与结构，并提供满足鸟类觅食、庇护、繁殖等活动需求的功能生境，从而提高鸟类群落多样性。

图 11-7　北戴河国家湿地公园涨潮时游禽、涉禽移动路线

二、"林-海-塘-河-田-沼"滨海复合生态系统模式

为滨海水鸟设计自东向西（自潮坪上部至西部连片森林），由大水面潟湖→塘-岛交错区→林-塘交错区→灌丛草甸区→疏林乔木区→森林区所组成的生境格局。将潟湖、新河、库塘湿地等不同湿地结构单元以沟渠相联，形成相互连通的整体——"林-海-塘-河-田-沼"滨海复合生境格局（图 11-8）。利用水泵、洪水脉冲等人工与自然水位调控，增加修复区各个单元水体流动和物质交换。

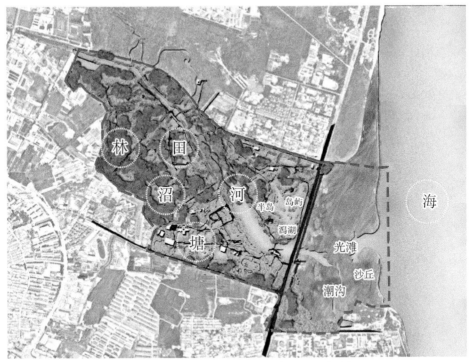

图 11-8　"林-海-塘-河-田-沼"滨海复合生境格局

三、生境结构单元修复

以为鸟类提供食物资源、庇护场所、繁殖区域等为目标，满足其生存、繁衍、迁徙的需求，进行鸟类生境结构单元的修复设计及营建实践。

（一）营建大水面及潟湖

在恢复重建区设计大面积深水塘，将邻近滨海大道的两个大水塘打通，形成较大面积的水面。以岛屿及蜿蜒的岸线等结构，分隔出潟湖形态（图11-9），为水鸟提供良好的生境及庇护场所。

（二）生境岛

北戴河国家湿地公园鸟的生境系统是呈梯度递进的，整个大潮坪在涨潮时鸟类会进入滨海大道以西的区域，退潮时这里是良好的觅食区域，涨潮以及遇到不良天气时，鸟类会在这里栖息。同时当鸟的种群数量增加后，滨海

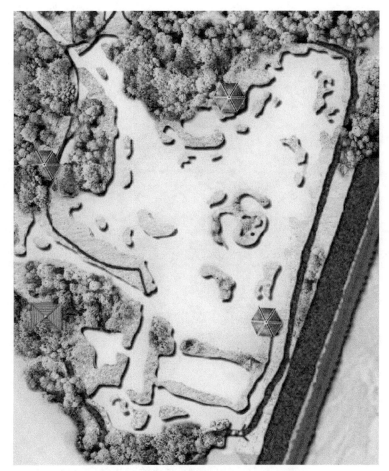

图 11-9　鸟类生境修复区的潟湖示意图

大道以西区域会成为鸟类重要的栖息地。除了大水面的塘以及新河宽阔水面，再往西北推进，有庇护林，林间有洼地、水塘、泡沼，又为一部分鸟类提供了生境。根据鸟类对岛屿生境的需求（刘旭等，2018），在滨海大道西侧比较大的塘中构建若干面积、形态不同的岛屿，为鸟类设计大大小小的生境岛。部分岛屿增加其岸线蜿蜒度，形成良好的鸟类庇护空间（图 11-10）。大部分岛屿上种植低矮的草本植物，可在一部分岛屿的中部设计营建湿洼地或浅塘，另一部分岛屿上可种植稀疏的浆果类灌木，保证岛屿对鸟类的生境适合度，以及满足鸟类对庇护和食物的需求。

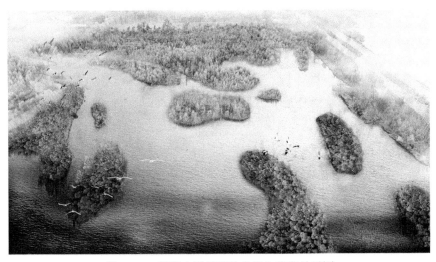

图 11-10 滨海大道以西的鸟类生境岛效果图

其中一个面积超过 3000m² 的岛屿被设计成"M"形结构，形成一个半封闭的空间结构单元（图 11-11）。岛上内部构建水塘，稀疏种植小乔木和浆果类灌木。内部浅水区种植沉水植物与挺水植物，增加空间隐蔽性，并且为繁殖鸟类提供巢材。该核心岛屿能够满足为鸟类提供食物、庇护地和繁殖场所三种功能需求。

图 11-11 鸟类生境岛形态示意图

251

（三）浅滩和岸带修复

实施湿地公园内部水文连通时，设计了浅水滩涂及沙丘光滩，为鸻鹬类鸟类提供活动与觅食的基本生境。在大塘边缘处增加光滩，使生境由水域自然过渡到滩涂及水岸植被覆盖区；单块滩涂的面积不一定要大，可以离散分布，但要保持一定的滩涂总面积。

在部分河岸带沿高程梯度分别配置一定宽度的沉水植物、挺水植物、湿生植物、中生植物等类群。丰富的河岸带植被垂直结构在提高对地表径流的净化功能时，配置的芦苇（*Phragmites australis*）、火棘（*Pyracantha fortuneana*）等植物还可以为鸟类提供食物资源。在部分河段放置倒木或者直接保留河岸倒伏的杨树或者槐树，这些倒木是鹭科鸟类、鸻鹬鸟类的良好栖息地。

（四）水塘生境修复

滨海大道以西的库塘湿地区，一部分水塘水体流动性差，水体受到污染，夏季易富营养化；另一部分库塘结构比较规整。在鸟类的生境修复中，针对鸭科、秧鸡科、鸊鷉科等目标鸟类，增强不同大小的水塘的水文连通性（图11-12），增加水塘边岸的蜿蜒度，在蜿蜒度大的区域可设计小型水湾，在湾内种植小型挺水植物和浮水植物，形成生境结构单元，为本地繁殖的小鸊鷉、黑水鸡等水鸟提供繁殖地，为绿头鸭、绿翅鸭（*Anas crecca*）等提供越冬庇护地。水塘内应保留面积占比不低于30%的明水面，同时，对水塘进行地形改造、营建不同深度的水域。

将现有部分形态规整、塘岸生硬的水塘边岸改造成自然式蜿蜒塘岸，同时利用植物修饰塘岸，提高水塘边岸的环境空间异质性及生境异质性。例如，在浅水塘边岸种植芦苇和香蒲，在深水塘边岸营建小型林泽。设计并建设蜿蜒塘岸，以蜿蜒岸线塑造微型塘库、湾汊等异质性生境结构，为鸟类提供尽可能多样的栖息环境、庇护场所。在水塘内种植沉水植物，构建沉水植被，营建复杂的立体水下生态空间，维育水下完整的食物网结构，形成有利于水质净化、水生态健康维持的水下生物功能群。可适当进行底泥清淤，对水中密集的莲（*Nelumbo nucifera*）进行清除，留出明水面，为野鸭等野生动物创造栖息空间。

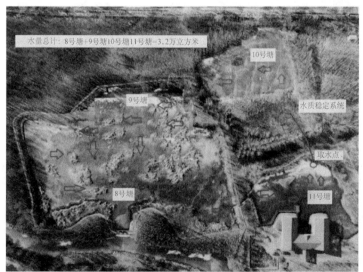

图 11-12　库塘湿地区 8～10 号塘水文连通前后对比

（五）森林-泡沼复合生境

公园恢复重建区西部现有柳树林以及封闭管理区的森林区域，以前没有人为干扰时，森林所在的区域属于潮上带，地下水位较高。形成森林环境后，由于地下水位较高，林内潮湿，低洼区域积水，所以在森林下层发育了以芦苇为优势种的湿地植物群落。实际上，该森林区域具有明显的森林湿地性质，是鸟类优良的生境。

为营建更为优良的多样化鸟类生境系统，通过在林间、林下设计系列不同形态的泡沼及大小形态各异的多塘，丰富空间结构层次，优化植物群落结构，提高生物多样性，重建一个灵动生机的滨海森林湿地。修复内容包括以下三个方面。

1. 森林-芦苇湿地群落修复及结构优化

针对地下水位较高、内部环境潮湿的森林，对以芦苇为优势种的林下湿地植物群落进行保护，适当种植香蒲、灯心草（*Juncus effusus*）等挺水植物以增加植物物种多样性，同时优化植被结构形成乔木-高草挺水植物-低草湿生植物-浮水植物的立体植物群落。

2. 恢复林间泡沼和林间多塘湿地

在有林窗分布的区域，营建小型泡沼，种植矮小的灯心草等小型挺水植物，形成泡沼中的湿地草丘，修复重建林间泡沼系统。在森林内部道路两侧营建大小、形态、面积不同的水塘系统，形成林间多塘湿地系统（图 11-13）。在林间空旷地，可以营建湿洼地。

图 11-13　湿地公园内的林间泡沼和多塘湿地示意图

3. 保留森林倒木

保留林中现有的倒木，与各种类型的森林湿地形成良好的森林生境系统。

（六）稻田生境

现状湿地公园西北部有面积约 3.33hm² 的稻田湿地（图 11-14），是雀形目鸟类的良好食源地。但种植结构单一，以水稻（*Oryza sativa*）为主。

图 11-14　湿地公园西北部稻田收割后

修复措施是在稻田内除种植水稻等作物外，可种植一些湿地作物、水生蔬菜等。可在稻田周边及田埂上引入绿篱系统，宽度超过 1m 的绿篱系统能够形成一个相对独立的空间，为喜灌丛中活动、觅食的树莺、山雀、柳莺等鸟类提供活动空间或食物资源。稻田冬天一定要补水，以满足鸟类的生存需求。

（七）大潮坪生境保护及修复

北戴河国家湿地公园属于海陆交替地带，是典型的滨海湿地公园。由于滨海大道的修建，将潮上带和潮间带分隔开来，滨海大道以西为潮上带。大潮坪是越冬鸟类重要的觅食地和栖息地（蒋科毅等，2013；杜远生等，2007）。首先应加强滨海潮坪的保护，为保护栖息在潮坪的水鸟及其生境，应重点保护潮间带生态系统、潮上带盐沼、潮坪潮沟系统（周曾等，2021；吕亭豫等，2016），以及潮坪特殊地貌和底栖动物（包括底栖无脊椎动物及底栖鱼类)。由于人为干扰及闸坝对新河入海水流的限制,大潮坪潮沟系统受到破坏,滨海盐沼退化,可以通过改善新河入海水文连通及减少人为干扰,依靠潮汐动力恢复潮沟系统及盐沼湿地生境。

(八)鸟类食源地及庇护林营建

通过对潮坪潮沟系统、库塘湿地食物网以及森林-湿地生境实施修复,为鸟类群落提供食源地和庇护林。鸟类食源主要包括大潮坪的底栖性生物(底栖无脊椎动物、底栖鱼类、底栖藻类等)、滨海大道以西库塘湿地的水生植物、塘内的其他水生生物和食源林(包括浆果类灌木等)。应保留滨海大道以西的大塘塘岸上原来的枫杨(*Pterocarya stenoptera*)、杨树,为鹭类和鸬鹚提供栖息环境。恢复重建区在扩建水面时,应适当保留一定数量的槐树,因为公园植被组成中以槐树为主,树龄较长,树冠较大,适于鸬鹚及鹭科鸟类停栖,也是其重要的庇护场所。

(九)沙洲群修复营建

新河河道内有大小不同、形状各异的沙洲数十个,大多数沙洲被茂密的植被覆盖。这些沙洲是良好的鸟类栖息环境及庇护场所,其向水下延伸的部分又是许多鱼类的产卵场所。应对所有沙洲实施保护,建档立册,开展科学监测。对退化沙洲进行修复,保证沙洲形态结构的完整性,通过自然恢复措施,使沙洲植被得到恢复。

第四节 滨海湿地鸟类生境修复效果评估

北戴河国家湿地公园滨海湿地修复工程的实施,改善了湿地生态环境,提高了野生动物栖息地的环境质量,不但为更多迁徙鸟类的中转停息提供了优良环境和食物资源,也为适栖动物的生存与繁衍创造了更为丰富的生境空间。北戴河国家湿地公园自 2015 年开始进行以鸟类生境修复为主的湿地修复设计,并于 2016 年启动湿地修复实践。目前,修复后的北戴河国家湿地公园形成了"林-海-塘-河-田-沼"滨海复合生境格局（图 11-15），各类型湿地及其构建的复合湿地网络在自然做功驱动下呈现出更完整的结构与更丰富的生态服务功能。

图 11-15　"林-海-塘-河-田-沼"滨海复合生境

通过实施库塘湿地区水塘结构改造及水文连通工程后，水塘塘岸蜿蜒自然，塘岸自生植物生长良好，水质清澈，已成为水鸟良好的觅食和庇护场所。为实现水文连通，将部分水塘之间的塘埂拆除，并保留截成小段的塘埂，再加以形态修饰，形成小型生境岛和浅滩生境（图 11-16）。

图 11-16　湿地公园内 9 号塘与 8 号塘之间的塘埂拆除后修复形成的小型生境岛和浅滩生境

　　实施修复后的滨海大道以西的鸟类生境岛，不仅岛屿形态自然，而且提供了涨潮时鸟类重要的替代生境，成为鸟类觅食和庇护的良好场所（图 11-17）。

图 11-17　湿地公园内修复后的鸟岛形态自然，成为鸟类的良好栖息和繁殖生境

　　以鸟类生境修复为重点的湿地修复完成后，各生境类型及结构单元发挥了良好的生态功能。库塘湿地边岸自然蜿蜒，自然恢复的自生植物形成了优良的塘岸植被缓冲带（图 11-18），并成为鸟类的食源地。库塘湿地的沉水植物发育良好，形成复杂的水下生态空间（图 11-19），鱼类等水生生物丰富。水湾、潟湖等各种水生生境镶嵌交错（图 11-20），成为"林-海-塘-河-田-沼"滨海复合生境系统的重要组成部分。

图 11-18　修复后自然蜿蜒的塘岸植物缓冲带

图 11-19 修复后发育良好的沉水植物形成了复杂的水下生态空间

图 11-20 修复后的水湾形成良好的湿地生境

第五节　小　　结

北戴河地处亚太候鸟的东亚-澳大利西亚迁徙路线上,是候鸟迁徙路线上的重要中转站、停歇地和食物补充地。因此,该区域鸟类资源极其丰富,是中国四大观鸟胜地之一;以鸟类生境修复为重点的湿地修复,对区域鸟类保护和生物多样性整体提升具有极其重要的意义。

实施生态修复后的北戴河国家湿地公园,以独具魅力的北方滨海潮坪湿地和森林-湿地景观为特色,有机组合滨海湿地、河流湿地、库塘湿地等多类型湿地斑块形成自然-人工复合湿地系统。同时,针对各类群鸟类的觅食、庇护、繁殖等功能需求,提出了"林-海-塘-河-田-沼"滨海复合生态系统的设计模式。修复后的调查研究表明,"林-海-塘-河-田-沼"复合生境,满足了鸟类的栖息、觅食、庇护和繁殖功能需求,加强了各湿地要素从形态、结构、功能和过程的耦合,鸟类生物多样性保育及提升效果明显,为滨海湿地修复及鸟类生境修复提供了良好样板。

主要参考文献

鲍梓婷，周剑云.2014. 当代乡村景观衰退的现象、动因及应对策略. 城市规划，10：75-83.

蔡述明，赵艳，杜耘，等.1998. 全新世江汉 湖群的环境演变与未来发展趋势——古云梦泽问题的再认识. 武汉大学学报（哲学社会科学版），6：96-100.

陈兵，孟雪晨，张东，等.2019. 河流鱼类分类群和功能群的纵向梯度格局——以新安江流域为例. 生态学报，39（15）：5730-5745.

陈克林.2006. 黄渤海湿地与迁徙水鸟研究. 北京：中国林业出版社.

陈克林，杨秀芝，吕咏.2015. 鸻鹬类鸟东亚-澳大利西亚迁飞路线上的重要驿站：黄渤海湿地. 湿地科学，13（1）：1-6.

陈梦缘，袁秀，王德，等.2021. 面向多目标的海岸带生态空间规划路径及案例. 城乡规划，4：46-53.

陈敏建，王立群，丰华丽，等.2008. 湿地生态水文结构理论与分析. 生态学报，28（6）：2887-2893.

程敏，张丽云，崔丽娟，等.2016. 滨海湿地生态系统服务及其价值评估研究进展. 生态学报，36（23）：7509-7518.

丛维军.2005. 广州市海珠区城市湿地生态系统研究. 广州：中山大学.

崔保山，刘康，宋国香，等.2022. 生态水利研究的理论基础与重点领域. 环境科学学报，42（1）：10-18.

崔保山，刘兴土，1999. 湿地恢复研究综述. 地球科学进展，14（4）：358-364.

崔保山，杨志峰.2001. 湿地生态系统健康研究进展. 生态学杂志，20（3）：31-36.

崔保山，杨志峰.2006. 湿地学. 北京：北京师范大学出版社.

崔丽娟，艾思龙.2006. 湿地恢复手册：原则、技术及案例分析. 北京：中国建筑工业出版社.

邓绶林.1992. 地学辞典. 石家庄：河北教育出版社.

邓蜀阳，王怡，张攀.2021. 场所记忆视角下的乡村小型石拱渡槽空间利用设计探析——以重庆大石村渡槽为例. 住区, 3: 15-19.

刁承泰. 1999. 三峡水库水位消落带土地资源的初步研究. 长江流域资源与环境, 98 (1): 75-79.

刁元彬, 刘红, 袁兴中, 等. 2018. 水位变动影响下三峡库区汉丰湖鸟类群落及多样性. 生态学报, 38 (4): 1382-1391.

董哲仁. 2003. 生态水工学的理论框架. 水利学报, 34 (1): 1-6.

董哲仁. 2015. 论水生态系统五大生态要素特征. 水利水电技术, 46 (6): 42-47.

董哲仁, 孙东亚, 赵进勇, 等. 2014. 生态水工学进展与展望. 水利学报, 45 (14): 1419-1426.

董哲仁, 王宏涛, 赵进勇, 等. 2013. 恢复河湖水系连通性生态调查与规划方法. 水利水电技术, 44 (11): 8-14.

董哲仁, 张晶. 2009. 洪水脉冲的生态效应. 水利学报, 40 (3): 281-288.

杜文武, 卿腊梅, 吴宇航, 等. 2020. 公园城市理念下森林生态系统服务功能提升. 风景园林, 27 (10): 43-50.

杜艳春, 王倩, 程翠云, 等. 2018. "绿水青山就是金山银山" 理论发展脉络与支撑体系浅析. 环境保护科学, 44 (4): 1-5.

杜远生, 颜佳新, 龚一鸣, 等. 2007. 地球生物相中的生境型: 概念、模式和编图. 地球科学——中国地质大学学报, 32 (6): 741-747.

范存祥, 袁兴中, 黄诗琳, 等. 2022. 垛基果林湿地恢复技术规程 (DB44/T 2359—2022). 广东省市场监督管理局.

付梦娣, 贾强, 任月恒, 等. 2021. 环渤海滨海湿地鸻鹬类水鸟多样性及其环境影响因子. 生态学报, 41 (22): 8882-8891.

高吉喜, 叶春, 杜娟, 等. 1997. 水生植物对面源污水净化效率研究. 中国环境科学, 17 (3): 247-251.

高伟, 陆健健. 2008. 长江口潮滩湿地鸟类适栖地营造实验及短期效应. 生态学报, 28 (5): 2080-2089.

郭盛晖, 司徒尚纪. 2010. 农业文化遗产视角下珠三角桑基鱼塘的价值及保护利用. 热带地理, 30 (4): 452-458.

国家林业局. 2010. 全国湿地资源调查与监测技术规程 (试行). 北京: 国家林业局.

胡海波, 邓文斌, 王霞. 2022. 长江流域河岸植被缓冲带生态功能及构建技术研究进展. 浙江农林大学学报, 39 (1): 214-222.

胡玫, 林箐. 2018. 里下河平原低洼地区垛田乡土景观体系探究——以江苏省兴化市为例. 北京规划建设, 2: 104-107.

扈玉兴, 袁兴中, 刘红, 等. 2021. 适应水位变化的库岸生态防护带设计——以重庆汉丰湖为例. 园林, 38 (6): 74-80.

黄慧诚, 黄丹雯. 2017. 海珠湿地, 广州"绿心". 环境, 4: 28-31.

黄剑, 张杰龙. 2018. 让自然做功的河道生态修复——以呼和浩特大黑河城区段景观概念规划为例. 风景园林, 10: 86-91.

黄文成, 徐廷志. 1994. 试论沉水植物在治理滇池草海中的作用. 广西植物, 14 (4): 334-337.

姜德娟, 王会肖, 李丽娟. 2003. 生态环境需水量分类及计算方法综述. 地理科学进展, 22 (4): 369-378.

姜文来, 唐曲, 雷波, 等. 2005. 水资源管理学导论. 北京: 化学工业出版社.

蒋科毅, 吴明, 邵学新, 等. 2013. 杭州湾及钱塘江河口南岸滨海湿地鸟类群落多样性及其对滩涂围垦的响应. 生物多样性, 21 (2): 214-223.

蒋任飞, 孔兰, 王贤平, 等. 2018. 新形势下城市水系现状调查分析. 水资源研究, 7 (1): 37-43.

康佳鹏, 韩路, 冯春晖, 等. 2021. 塔里木荒漠河岸林不同生境群落物种多度分布格局. 生物多样性, 29 (7): 875-886.

李波, 袁兴中, 杜春兰, 等. 2015. 池杉在三峡水库消落带生态修复中的适应性. 环境科学研究, 28 (10): 1578-1585.

李伯华, 曾灿, 窦银娣, 等. 2018. 基于"三生"空间的传统村落人居环境演变及驱动机制——以湖南江永县兰溪村为例. 地理科学进展, 37 (5): 677-687.

李殿球, 孙春霞, 蒋建东. 1999. 三峡水库消落区土地防护利用规划及其评价. 人民长江, 30 (11): 18-20.

李兰, 李锋. 2018. "海绵城市"建设的关键科学问题与思考. 生态学报, 38 (7): 2599-2606.

李实, 陈基平, 滕阳川. 2021. 共同富裕路上的乡村振兴: 问题、挑战与建议. 兰州大学学报（社会科学版），49（3）：37-46.

李潇，吴克宁，刘亚男，等. 2019. 基于生态系统服务的山水林田湖草生态保护修复研究——以南太行地区鹤山区为例. 生态学报，39（23）：8806-8816.

李晓明，纪磊，邓道贵. 2015. 淮北煤矿区塌陷湖水生昆虫群落结构的季节性变化. 生态学杂志，34（5）：1359-1366.

李宗礼，郝秀平，王中根，等. 2011. 河湖水系连通分类体系探讨. 自然资源学报，26（11）：1975-1982.

刘双爽，袁兴中，王晓锋. 2020. 水位变动下澎溪河流域汉丰湖和高阳湖上覆水时空变化特征. 中国环境科学，40（8）：4965-4973.

刘旭，张文慧，李咏红，等. 2018. 湿地公园鸟类栖息地营建研究——以北京琉璃河湿地公园为例. 生态学报，38（12）：4404-4411.

卢勇. 2011. 江苏兴化地区垛田的起源及其价值初探. 南京农业大学学报（社会科学版），11（2）：132-136.

卢勇，王思明. 2013. 兴化垛田的历史渊源与保护传承. 中国农业大学学报（社会科学版），30（4）：141-148.

陆健健，何文珊，王伟，等. 2006. 湿地生态学. 北京：高等教育出版社.

罗明，应凌霄，周妍. 2020. 基于自然解决方案的全球标准之准则透析与启示. 中国土地，（4）：9-13.

骆永明. 2016. 中国海岸带可持续发展中的生态环境问题与海岸科学发展. 中国科学院院刊，31（10）：1133-1142.

吕亭豫，龚政，张长宽，等. 2016. 粉砂淤泥质潮滩潮沟形态特征及发育演变过程研究现状. 河海大学学报（自然科学版），44（2）：178-188.

马蓓蓓，鲁春霞，张雷. 2009. 中国煤炭资源开发的潜力评价与开发战略. 资源科学，31（2）：224-230.

马广仁，严承高，袁兴中，等. 2017. 国家湿地公园湿地修复技术指南. 北京：中国环境出版社.

莫琳，俞孔坚. 2012. 构建城市绿色海绵——生态雨洪 调蓄系统规划研究. 城市发展研究，19（5）：4-8.

倪晋仁，刘元元. 2006. 论河流生态修复. 水利学报，37（9）：1029-1043.

倪永明, 李湘涛. 2009. 北戴河地区鸻形目鸟类觅食生境动态变化. 生态学报, 29（4）: 1731-1733.

彭建, 吕丹娜, 张甜, 等. 2019. 山水林田湖草生态保护修复的系统性认知. 生态学报, 39（23）: 8755-8762.

任海, 王俊, 陆宏芳. 2014. 恢复生态学的理论与研究进展. 生态学报, 34（15）: 4117-4124.

日本财团法人河流整治中心. 2003. 多自然型河流建设的施工方法及要点. 周怀东等译. 北京: 水利水电出版社.

宋伟, 韩赜, 刘琳. 2019. 山水林田湖草生态问题系统诊断与保护修复综合分区研究——以陕西省为例. 生态学报, 39（23）: 8975-8989.

孙松林, 李运远, 李雄. 2018. 屋顶花园雨水就地消纳与循环利用研究. 中国园林, 1: 85-90.

谭夔, 陈求稳, 毛劲乔, 等. 2007. 大清河河口水体自净能力实验. 生态学报, 27（11）: 4736-4742.

谭志强, 李云良, 张奇, 等. 2022. 湖泊湿地水文过程研究进展. 湖泊科学, 34（1）: 18-37.

唐虹, 冯永军, 刘金成, 等. 2018. 广州海珠湿地生态修复过程中的鸟类多样性研究. 野生动物学报, 39（1）: 86-91.

涂建军, 陈治谏, 陈国阶. 2002. 三峡库区消落带土地整理利用——以重庆开州为例. 山地学报, 20（6）: 712-717.

汪洁琼, 李心蕊, 王敏, 等. 2021. 基于水鸟栖息地保育的城市滨水生境网络构建与优化策略: 以昆山市为例. 风景园林, 28（6）: 76-81.

王芳, 袁兴中, 刘红, 等. 2020. 重庆澎溪河湿地自然保护区生物多样性空间格局及热点区分析. 应用生态学报, 31（5）: 1682-1690.

王沛芳, 王超, 徐海波. 2006. 自然水塘湿地系统对农业非点源氮的净化截留效应研究. 农业环境科学学报, 25（3）: 782-785.

王强, 袁兴中, 刘红. 2012. 山地河流浅滩深潭生境大型底栖动物群落比较研究——以重庆开县东河为例. 生态学报, 32（21）: 6726-6736.

王强, 袁兴中, 刘红, 等. 2011. 三峡水库初期蓄水对消落带植被及物种多样性的影响. 自然资源学报, 10: 1680-1693.

王思源, 刘萌. 2009. 湿地系统的生态功能与湿地的生态恢复. 山西农业科学, 37（7）:

55-57.

王文明，宋凤鸣，尹振文，等. 2019. 城市湿地景观水体富营养化评价、机理及治理. 环境
　　工程学报，13（12）：2898-2906.

王香春，蔡文婷. 2018. 公园城市，具象的美丽中国魅力家园. 中国园林，34（10）：22-25.

王骁，许素，陶文绮，等. 2018. 再生水补水河道水质的生态修复示范工程及效能分析. 环
　　境工程学报，12（7）：2132-2140.

王云才，薛竣桓. 2019. 生态智慧引导下的太原市棕地修复逻辑与策略. 风景园林，26
　　（6）：53-57.

王志强，崔爱花，缪建群，等. 2017. 淡水湖泊生态系统退化驱动因子及修复技术研究进
　　展. 生态学报，37（18）：6253-6264.

邬建国. 1989. 岛屿生物地理学理论：模型与应用. 生态学杂志，6（8）：34-39.

吴钢，赵萌，王辰星. 山水林田湖草生态保护修复的理论支撑体系研究. 生态学报，39
　　（2）3：8685-8691.

伍锡梅，康胤，肖华杰，等. 2021. 废弃矿山水生态的弹性塑造——邯郸市紫山公园设计实
　　践. 中国园林，37（6）：105-110.

谢宝东. 2019. 河流湿地资源利用与公园规划——以山东省临沂市为例. 北京：化学工业出
　　版社.

谢慧莹，郭程轩. 2018. 广州海珠湿地生态系统服务价值评估. 热带地貌，39（1）：26-33.

谢雨婷，林晔. 2015. 城市河流景观的自然化修复：以慕尼黑"伊萨河计划"为例. 中国园
　　林，（1）：55-56.

熊文，孙晓玉，黄羽. 2020. 城市静态小水体生态修复措施与生态服务价值评估研究. 水生
　　态学杂志，41（2）：29-35.

徐昔保，杨桂山，江波. 2018. 湖泊湿地生态系统服务研究进展. 生态学报，38（20）：
　　7149-7158.

许唯枢. 1990. 北戴河鸟类观察与研究. 北京自然博物馆研究报告. 北京：科学技术出版社.

闫诚，马汤鸣，杨顺清，等. 2020. 曝气-电解生态浮床的净化效果与机理分析. 环境科学
　　学报，40（11）：3885-3894.

严玉平，钱海燕，周杨明，等. 2010. 鄱阳湖双退区受损湿地植被恢复对水质的影响. 生态
　　环境学报，19（9）：2136-2141.

杨海乐，陈家宽. 2016. 流域生态学的发展困境——来自河流景观的启示. 生态学报，36（10）：3084-3095.

杨锐，曹越. 2019. "再野化"：山水林田湖草生态保护修复的新思路. 生态学报，39（23）：8763-8770.

杨一鹏，曹广真，侯鹏，等. 2013. 城市湿地气候调节功能遥感监测评估. 地理研究，32（1）：73-80.

伊飞，张训华，胡克. 2011. 海岸带陆海相互作用研究综述. 海洋地质前沿，27（3）：28-34.

尹澄清，毛占坡. 2002. 用生态工程技术控制农村非点源水污染. 应用生态学，13（2）：229-232.

俞孔坚，姜芊孜，王志芳，等. 2016. 陂塘景观研究进展与评述. 地域研究与开发，34（3）：130-136.

袁刚，茹辉军，刘学勤. 2010. 2007—2008 年云南高原湖泊鱼类多样性与资源现状. 湖泊科学，22（6）：837-841.

袁嘉，陈炼，罗嘉琪，等. 2020. 立体生态景观的适应性重构：山地城市河流护岸草本植物群落生态种植. 景观设计学，8（3）：44-57.

袁嘉，罗嘉琪，侯春丽，等. 2021. 长江上游山地城市江岸景观修复设计研究——以重庆主城为例. 风景园林，28（7）：76-82.

袁嘉，袁兴中，王晓锋，等. 2018. 应对环境变化的多功能湿地设计——三峡库区汉丰湖湖湾湿地生态系统建设. 景观设计学杂志，6（3）：76-88，172-185.

袁琳. 2018. 生态地区的创造：都江堰灌区的本土人居智慧与当代价值. 北京：中国建筑工业出版社.

袁兴中. 2020. 河流生态学. 重庆：重庆出版社.

袁兴中. 2022. 三峡库区澎溪河消落带生态系统修复实践探索. 长江科学院院报，39（1）：1-9.

袁兴中，陈鸿飞，扈玉兴. 2020. 国土空间生态修复：理论认知与技术范式. 西部人居环境，35（4）：1-8.

袁兴中，杜春兰，袁嘉. 2017. 适应水位变化的多功能基塘：塘生态智慧在三峡水库消落带生态恢复中的运用. 景观设计学，5（1）：8-20.

袁兴中，杜春兰，袁嘉，等. 2019. 自然与人的协同共生之舞——三峡库区汉丰湖消落带生态系统设计与生态实践. 国际城市规划, 34 (3): 37-44.

袁兴中, 范存祥, 林志斌, 等. 2020. 垛基果林湿地恢复——岭南农业文化遗产的重生. 三峡生态环境监测, 6: 1-16.

袁兴中, 侯元同, 张冠雄. 2017. 采煤塌陷区新生湿地生物多样性研究. 北京: 科学出版社.

袁兴中, 贾恩睿, 陈松, 等. 2019. 海南省海口市五源河河流湿地修复案例评析. 园林, 11: 2-6.

袁兴中, 贾恩睿, 刘杨靖, 等. 2020. 河流生命的回归——基于生物多样性提升的城市河流生态系统修复. 风景园林, 27 (8): 29-34.

袁兴中, 李波, 岳俊生, 等. 2014. 嘉陵江流域农村生活污水处理细胞工程探索——以农家乐生态肾设计为例. 重庆师范大学学报 (自然科学版), (1): 51-53.

袁兴中, 向羚丰, 扈玉兴, 等. 2021. 跨越界面的生态设计——河/库岸带生态系统恢复. 景观设计学, 9 (3): 12-27.

袁兴中, 熊森, 李波, 等. 2011. 三峡水库消落带湿地生态友好型利用探讨. 重庆师范大学学报 (自然科学版), 28 (4): 23-25.

袁兴中, 袁嘉, 高磊, 等. 2018. 三峡库区城市滨江消落带生态修复与景观优化示范研究. 上海城市规划, 6: 132-136.

袁兴中, 袁嘉, 胡敏, 等. 2021. 顺应高程梯度的山地梯塘小微湿地生态系统设计. 中国园林, 35 (8): 97-102.

翟宝辉. 2016. 从"城市内涝"到"海绵城市"引发的生态学思考. 生态学报, 36 (16): 4949-4951.

张春松, 杨华蕾, 由文辉, 等. 2021. 新恢复湿地对近岸水域水质的净化效果研究. 中国给水排水, 37 (3): 65-68.

张发旺, 赵红梅, 宋亚新, 等. 2007. 神府东胜矿区采煤塌陷对水环境影响效应研究. 地球学报, 28 (6): 521-527.

张建军, 任荣荣, 朱金兆, 等. 2012. 长江三峡水库消落带桑树耐水淹试验. 林业科学, 5: 154-158.

张静慧, 袁鹏, 刘瑞霞, 等. 2022. 基于 VFSMOD 模型的河岸植被缓冲带划定方法. 环境工程学报, 16 (1): 40-46.

张立, 王丽娟, 李仁熙. 2019. 中国乡村风貌的困境、成因和保护策略探讨——基于若干田野调查的思考. 国际城市规划, 34 (5): 59-68.

张丽, 李丽娟, 梁丽乔, 等. 2008. 流域生态需水的理论及计算研究进展. 农业工程学报, 24 (7): 307-312.

张莉. 2019. 国土空间规划下的流域生态规划思考. 景观设计学, 7 (4): 77-87.

张梦嫚, 吴秀芹. 2018. 近 20 年白洋淀湿地水文连通性及空间形态演变. 生态学报, 38 (12): 4205-4213.

张乔勇, 袁兴中, 刁元彬, 等. 2017. 采煤塌陷区新生湿地鸟类群落及多样性研究. 野生动物学报, 38 (3): 447-454.

张士英. 2020-12-19. "鸟声"与"民生"缘何难以调和——来自黑龙江流域湿地保护的探索与思考. 光明日报, 第五版.

张文英. 2020. 转译与输出——生态智慧在乡村建设中的应用. 中国园林, 34 (1): 13-18.

张欣欣, 马向阳, 张思凯. 2021-6-22. 生态修复绘就绿色画卷——邹城采煤塌陷地综合治理纪实. 大众日报, 16 版.

张修桂. 1980. 云梦泽的演变与下荆江河曲的形成. 复旦学报: 社会科学版, (2): 40-48.

张甬元, 陈锡涛, 谭渝云, 等. 1983. 鸭儿湖污染治理研究. 水生生物学报, 8 (1): 113-124.

赵晖, 陈佳秋, 陈鑫, 等. 2018. 小微湿地的保护与管理. 湿地科学与管理, 14 (4): 22-25.

赵淑清, 方精云, 雷光春. 2001. 物种保护的理论基础——从岛屿生物地理学理论到集合种群理论. 生态学报, 7 (21): 1171-1179.

赵文斌. 2021. 最优价值生命共同体建设路径探索: 以重庆广阳岛为例. 风景园林, 28 (12): 29-36.

中国湿地植被编写委员会. 1999. 中国湿地植被. 北京: 科学出版社.

钟功甫. 1980. 珠江三角洲的"桑基鱼塘"——一个水陆相互作用的人工生态系统. 地理学报, 35 (3): 200-211.

周曾, 陈雷, 林伟波, 等. 2021. 盐沼潮滩生物动力地貌演变研究进展. 水科学进展, 32 (3): 470-484.

周凤琴. 1994. 云梦泽与荆江三角洲的历史变迁. 湖泊科学, 6 (1): 22-32.

朱广伟, 杨宏伟, 吴挺峰, 等. 2021. 浅水湖泊物理-生态过程模拟平台 (湖泊模拟平台). 中国科学院院刊, 36 (9): 1098-1107.

朱金格, 胡维平, 刘鑫, 等. 2019. 湖泊水动力对水生植物分布的影响. 生态学报, 39

（2）：454-459.

邹逸麟. 2005. 中国历史地理概述. 上海：上海教育出版社.

Antwi E K, Krawczynski R, Wiegleb G. 2008. Detecting the effect of disturbance on habitat diversity and land cover change in a post-mining area using GIS. Landscape and Urban Planning, 87（1）：22-32.

Bai Y Y, Sun X P, Tian M, et al. 2014. Typical water-land utilization GIAHS in low-lying areas: The Xinghua Duotian agrosystem example in China. J Resour Ecol, 5（4）：320-327.

Bendix J, Hupp C R. 2000. Hydrological and geomorphological impacts on riparian plant communities. Hydrological Processes, 14（16-17）：2977-2990.

Berkowitz J F. 2019. Quantifying functional increases across a large-scale wetland restoration chronosequence. Wetlands, 39：559-573.

Bernhardt E S, Margaret A P. 2007. Restoring streams in an urbanizing world. Freshwater Biology, 52：738-751.

Biggs J, Walker D, Whitfield M, et al. 1991. Pond action: Promoting the conservation of ponds in Britain. Freshwater Forum, 1（2）：114-118.

Bisson P A, Montgomery D R, Buffington J M. 2007. Valley segments, stream reaches, and channel units. In: Hauer F R, Lamberti G A. Methods in Stream Ecology（second edition）. Oxford: Academic Press.

Bolpagni R, Poikane S, Laini A, et al. 2019. Ecological and conservation value of small standing-water ecosystems: A systematic review of current knowledge and future challenges. Water, 402：2-14.

Booth C J, Spande E D, Pattee C T, et al., 1998. Positive and negative impacts oflongwall mine subsidence on a sandstone aquifer. Environmental Geology, 34：223-233.

Bornette G, Amoros C, Piégay H, et al. 1998. Ecological complexity of wetlands within a river landscape. Biological Conservation, 85：35-45.

Brazier R E, Puttock A, Graham H A, et al. 2021. Beaver: Nature's ecosystem engineers. WIREs Water, 8（1）：e1494.

Bridgewater P, Kim R E. 2021. The ramsar convention on wetlands at 50. Nature ecology & Evolution, 5：268-270.

Cao Y，Wang J Y，Li G Y. 2019. Ecological restoration for territorial space：Basic concepts and foundations. China Land Science，33（7）：1-10.

Chan G L. 1993. Aquaculture，ecological engineering lessons from China. Ambio，24（7）：491-494.

Clilverd H M，Thompson J R，Heppell C M，et al. 2016. Coupled hydrological/hydraulic modelling of river restoration impacts and floodplain hydrodynamics. River Research and Applications，32：1927-1948.

Cohen-Shacham E，Walters G，Janzen C，et al.，2016. Nature Based Solutions to Address Global Societal Challenges. Gland，Switzerland：IUCN，97.

Coleman J M，Huh O K，Braud D. 2008. Wetland loss in world deltas. Journal of Coastal Research，24（1A）：1-14.

Cornelissen T，Santos J C. 2016. Shelter-building insects and their role as ecosystem engineers. Neotropical Entomology，45（1）：1-12.

Cui B S，Yang Q C，Yang Z F，et al. 2009. Evaluating the ecological performance of wetland restoration in the Yellow River Delta，China. Ecological Engineering，35（7）：1090-1103.

Eiseltová M. 2010. Restoration of Lakes，Streams，Floodplains and Bogs in Euroup. New York：Springer.

Elliott M，Mander L，Mazik K，et al. 2016. Ecoengineering with Ecohydrology：Successes and failures in estuarine restoration. Estuarine Coastal and Shelf Science，176：12-35.

Fernández-Aláez C，Fernández-Aláez M，Becares E. 1999. Influence of water level fluctuation on the structure and composition of the macrophyte vegetation in two small temporary lakes in the northwest of Spain. Hydrobiologia，415：155-162.

García D. 2016. Birds in ecological networks：Insights from bird-plant mutualistic interactions. Ardeola，63（1）：151-180.

Gravari-Barbas M，Jacquot S. 2016. Recreational uses of river areas：Issues at the metropolitan scale. Espaces，Tourisme & Loisirs，333：15-23.

Herzon I，Helenius J. 2008. Agricultural drainage ditches，their biological importance and functioning. Biological Conservation，141：1171-1183.

Huang W M，Han S J，Xing Z F，et al. 2021. Responses of leaf anatomy and CO_2

concentrating mechanisms of the aquatic plant Ottelia cordata to variable CO_2. Frontiers in Plant Science, 11: 1-12.

Jia Y, Virginia S, Nigel D. 2017. The influence of vegetation on rain garden hydrological performance. Urban Water Journal, 14 (10): 1083-1089.

Jones A L. 2017. Regenerating urban waterfronts-creating better futures-from commercial and leisure market places to cultural quarters and innovation districts. Plann Pract Res, 32 (3): 333-344.

Lamers L P M, Smolders A J P, Roelofs J G M. 2002. Restoration of fens in the Netherlands. Hydrobiologia, 478: 107-130.

Li B, Du C L, Yuan X Z, et al. 2016. Suitability of taxodium distichum for afforesting the littoral zone of the three gorges reservoir. PLOS ONE, 1: 1-16.

Li B, Xiao H Y, Yuan X Z, et al. 2013. Ecological and commercial benefits analysis of a dike-pond project in the drawdown zone of the three gorges reservoir. Ecological Engineering, 61: 1-11.

Liu X P, Wang K L, Zhang G L. 2004. Perspectives and policies: Ecological industry substitutes in wetland restoration of the middle Yangtze. Wetlands, 24 (3): 633-641.

Liu Y F, Dunkerley D, López-Vicente M, et al., 2020. Trade-off Between surface runoff and soil erosion during the implementation of ecological restoration programs in semiarid regions: A meta-analysis. Science of the Total Environment, 712: 136477.

Loehman R A, Keane R E, Holsinger L M. 2020. Simulation modeling of complex climate, wildfifire, and vegetation dynamics to address wicked problems in land management. Frontiers in Forests and Global Change, 3: 1-13.

Luo Y. 2008. Systematic approach to assess and mitigate longwall subsidence influences on surface structures. Journal of Coal Science &Engineering (China), 14 (3): 407-414.

Margaret P, Albert R. 2019. Linkages between flow regime, biota, and ecosystem processes: Implications for river restoration. Science, 365: 1-13.

Martin D M. 2017. Ecological restoration should be redefined for the twenty-first century. Restoration Ecology, 25 (5): 668-673.

McCauley L A, Jenkins D G, Quintana-Ascencio P F. 2013. Isolated wetland loss and degradation over two decades in an increasingly urbanized landscape. Wetlands，33（1）：117-127.

Meli P，Maria J，Benayas R，et al. 2014. Restoration enhances wetland biodiversity and ecosystem service supply，but results are context dependent：A meta-analysis. Plos One，9（4）：1-9.

Meng L，Feng Q Y，Zhou L，et al. 2009. Environmental cumulative effects of coal underground mining. Procedia Earth and Planetary Science，1：1280-1284.

Mitsch W J. 2012. What is ecological engineering. Ecological Engineering，45：5-1.

Mitsch W J，Gosselink J G. 2015. Wetlands. New Jersey：Wiley.

Mitsch W J，Jørgensen S E. 2003. Ecological engineering：A fifield whose time has come. Ecological Engineering，20：363-377.

Mitsch W J，Lu J J，Yuan X Z，et al. 2008. Optimizing ecosystem services in China. Science，322：528.

Mitsch W J，Wu X，Nairn R W，et al. 1998. Creating and restoring wetlands：A whole ecosystem experiment in self-design. BioScience，48：1019-1030.

Montis A D，Caschili S，Mulas M，et al. 2016. Urban-rural ecological networks for landscape planning. Land Use Policy，50：312-327.

Naiman R J，Bilby R E. 1998. River Ecology and Management－Lessons from the Pacific Coastal Ecoregion. New York：Springer-Verlag.

NaselliFlores L，Barone R. 1997. Importance of water level fluctuation on population dynamics of cladocerans in a hypertrophic reservoir（Lake Arancio，southwest Sicily，Italy）. Hydrobiologia，360：223-232.

Nierenberg T R，Hibbs D E A. 2000. characterization of unmanaged riparian areas in the central coast range of western Oregon. Forest Ecology and Management，129：195-206.

Nilsson C，Berggren K. 2000. Alterations of riparian ecosystems caused by river regulation. BioScience，50（9）：783-792.

Olson D H，Anderson P D，Frissell C A，et al. 2007. Biodiversity management approaches for stream-riparian areas：Perspectives for Pacific Northwest headwater forests，microclimates，and amphibians. Forest Ecology and Management，246（1）：81-107.

Palmer M A, Hondula K L, Koch B J. 2014. Ecological restoration of streams and rivers: Shifting strategies and shifting goals. Annu Rev Ecol Evol Syst, 45, 247-269.

Peng S L. 1996. Restoration ecology and vegetation reconstruction. Ecological Science, 15 (2): 26-31.

Peng S L, Wu K K. 2015. Improving the rapid restoration of ecosystems: Restoring cities, villages and wilderness. Acta Ecologica Sinica, 35 (16): 5570-5572.

Rebelo A J, Emsens W J, Meire P, et al. 2018. The impact of anthropogenically induced degradation on the vegetation and biochemistry of south African palmiet wetlands. Wetlands Ecology and Management, 26 (6): 1157-1171.

Ren H, Shen W, Lu H, et al. 2007. Degraded ecosystems in China: Status, causes, and restoration efforts. Landscape and Ecological Engineering, 3 (1): 1-13.

Ren W J, Wen Z H, Cao Y, et al. 2022. Cascading effects of benthic fish impede reinstatement of clear water conditions in lakes: A mesocosm study. Journal of Environmental Management, 51 (1): 113898.

Renard D, Iriarte J, Birk J J, et al. 2012. Ecological engineers ahead of their time: The functioning of pre-Columbian raised-field agriculture and its potential contributions to sustainability today. Ecological Engineering, 45: 30-44.

Ricklefs R E, Lovette I J. 1999. The roles of island area per se and habitat diversity in the species-area relationships of four Lesser Antillean faunal groups. Journal of Animal Ecology, 68 (6): 1142-1160.

Steiger J, Tabacchi E, Dufour S, et al. 2005. Hydrogeomorphic processes affecting riparian habitat within alluvial channel-floodplain river systems: A review for the temperate zone. River Research and Applications, 21 (7): 719-737.

Sun J F, Yuan X Z, Liu H, et al. 2019. Emergy evaluation of a swamp dike-pond complex: A new ecological restoration mode of coal-mining subsidence areas in China. Ecological Indicators, 107: 1-14.

Swanson W M, Jager N D, Strauss E A, et al. 2017. Effects of flood inundation and invasion by phalaris arundinaceaon nitrogen cycling in an upper mississippi river floodplain forest. Ecohydrology, 10 (7): e1877.

Tiwari T, Lundström J, Kuglerová L, et al. 2016. Cost of riparian buffer zones: A comparison of hydrologically adapted site-specific riparian buffers with traditional fixed widths. Water Resources Research, 52 (2): 1056-1069.

US National Research Council. 1992. Restoration of Aquata Ecosystems. Washington D C: Nat Acad Press.

UNFCCC. 2009. Copenhagen Accord. Copenhagen: COP15.

Van der Velde G, Leuven R S E W, Ragas A M J, et al. 2006. Living rivers: Trends and challenges in science and management. Hydrobiologia, 565: 359-367.

Vandijk G M, Marteijn E C L, Schulte-Wulwer-Leidig A. 1995. Ecological rehabilitation of the river Rhine: Plans, progress and perspectives. Regulated Rivers: Research & Management, 11: 377-388.

Vannote R L, Minshall G W, Cummins K W, et al. 1980. The river continuum concept. Canadian Journal of Fisheries and Aquatic Sciences, 37: 130-137.

Wang L. 2008. A review on wetland ecosystem restoration. Environmental Science and Management, 33 (8): 152-156.

Wang Q, Yuan X Z, Liu H, et al. 2012. Effect of long-term winter flooding on the vascular flora in the drawdown area of the Three Gorges Reservoir, China. Polish Journal of Ecology, 59 (1): 137-148.

Wang Q, Yuan X Z, Liu H. 2014. Influence of the three gorges reservoir on the vegetation of its drawdown area: Effects of water submersion and temperature on seed germination of Xanthium sibiricum (COMPOSITAE). Polish Journal of Ecology, 62 (1): 39-49.

Wiens J A. 1995. Habitat fragmentation: Island v landscape perspectives on bird conservation. IBIS, 137 (S1): S97-S104.

Williams P, Whitfield M, Biggs J. 2004. Comparative biodiversity of rivers, streams, ditches and ponds in an agricultural landscape in Southern England. Biological Conservation, 115: 329-341.

World Bank. 2008. Biodiversity, climate change, and adaptation: Nature-based solutions from the World Bank portfolio. Washington DC: World Bank.

Young T P, Petersen D A, Clary J J. 2005. The ecology of restoration: historical links, emerging issues and unexplored realms. Ecology Letters，8（6）：662-673.

Yuan X Z，Zhang Y W，Liu H，et al. 2013. The littoral zone in the three gorges reservoir，China：Challenges and opportunities. Environmental Science and Pollution Research，20：7092-7102.

Zhang M J，Yuan X Z，Guan D J，et al. 2019. The Eco-exergy evaluation of New-born wetlands in coal mining subsidence areas based on the SD—A case of Yanzhou coalfield subsidence area，China. Mine Water and the Environment，38：746-756.

Zhang M J，Yuan X Z，Guan D J，et al. 2020. An ecological scenario prediction model for newly created wetlands caused by coal mine subsidence in the Yanzhou，China. Environ Geochem Health，42（7）：1991-2005.

Zhao C，Pan T，Dou T，et al. 2019. Making global river ecosystem health assessments objective，quantitative and comparable. Science of the Total Environment，667：500-510.

Zhao P，Peng S L，Zhang J W. 2000. Restoration ecology—An effective way to restore biodiversity of degraded ecosystems. Chinese Journal of Ecology，19（1）：53-58.

Zhou D，Yu J B，Guan B，et al. 2020. A comparison of the development of wetland restoration techniques in China and other nations. Wetlands，40：2755-2764.

Zhu J F，Yuan X M，Yuan X Z，et al. 2021. Emergy analysis on traditional farming village changed to tourism spot：Sustainability assessment of Hekeng village，South China. Journal of Rural Studies，86：473-484.